U0170692

本书为以下项目的阶段性成果：

1. 2022 年广东省本科高校教育质量与教学改革工程立项项目"数学核心素养与'三农'情怀融合的《大学数学Ⅰ》课程思政探索与实践"（粤教高函〔2023〕4 号）

2. 广东省 2021 年度省级一流本科课程《大学数学Ⅰ》（粤教高函〔2022〕10 号）

3. 2021 年度华南农业大学质量工程项目"遵循'金课'标准建设新农科《大学数学》课程"（项目编号：zlgc21012）

4. 2022 年度华南农业大学校级教改项目"数学核心素养与'三农'情怀融合的《大学数学Ⅰ》课程思政探索"（项目编号：JG22028）

课程思政视域下
大学数学教学改革与实践

KECHENG SIZHENG SHIYU XIA
DAXUE SHUXUE JIAOXUE GAIGE YU SHIJIAN

曹 静 ● 著

暨南大学出版社
JINAN UNIVERSITY PRESS
中国·广州

图书在版编目（CIP）数据

课程思政视域下大学数学教学改革与实践/曹静著. —广州：暨南大学出版社，2024.4

ISBN 978 - 7 - 5668 - 3898 - 8

Ⅰ.①课…　Ⅱ.①曹…　Ⅲ.①高等数学—教学改革—研究—高等学校　Ⅳ.①O13 - 42

中国国家版本馆 CIP 数据核字（2024）第 072296 号

课程思政视域下大学数学教学改革与实践
KECHENG SIZHENG SHIYU XIA DAXUE SHUXUE JIAOXUE GAIGE YU SHIJIAN

著　者：曹　静

··

出版人：阳　翼
责任编辑：曾鑫华　张馨予
责任校对：刘舜怡　梁安儿
责任印制：周一丹　郑玉婷

出版发行：暨南大学出版社（511434）
电　　话：总编室（8620）31105261
　　　　　营销部（8620）37331682　37331689
传　　真：(8620）31105289（办公室）　37331684（营销部）
网　　址：http：//www.jnupress.com
排　　版：广州尚文数码科技有限公司
印　　刷：广东信源文化科技有限公司
开　　本：787mm×1092mm　1/16
印　　张：16.5
字　　数：270 千
版　　次：2024 年 4 月第 1 版
印　　次：2024 年 4 月第 1 次
定　　价：65.00 元

（暨大版图书如有印装质量问题，请与出版社总编室联系调换）

前　言

　　"培养什么人、怎样培养人、为谁培养人"是我国教育事业发展必须回答的根本问题，更是值得广大教师深入思考的时代课题。2016 年 12 月，习近平总书记在全国高校思想政治工作会议上强调，高校要坚持把立德树人作为中心环节，把思想政治工作贯穿教育教学全过程，实现全程育人、全方位育人。《高校思想政治工作质量提升工程实施纲要》指出，大力推动以"课程思政"为目标的课堂教学改革，将思想政治教育融入课堂教学各环节，实现思想政治教育与知识体系教育的有机统一。大学数学是大学阶段一门重要的公共基础课，以笔者任教的华南农业大学为例，在学校的农业特点和人才培养目标层面，如何在大学数学课程教学中，重构课程内容，搭建广阔的信息化数学教学平台，融入思政元素，将数学知识与思政内容有机融合，提升学生的数学核心素养，引导学生牢固树立"知农爱农""强农兴农"的理想信念，培养学生的家国情怀、责任担当和务实创新的精神，使其成为担当民族复兴大任的时代新人，这是本书要探讨的问题之一。在学生的个人发展层面，如何通过本课程的教学，让学生更好地掌握微积分学与代数学的基本概念、基本理论和基本方法，了解数学的思想、理论和方法，构建较为宽广的知识结构，以适应现代农业、生物科学技术、信息科学技术等领域对其数学知识、能力和素质的需要，为学习后续课程及运用数学知识解决实际问题奠定良好的数学基础，这是本书要探讨的问题之二。

　　笔者在撰写本书的过程中，查阅参考了大量的文献资料，在此对文献资料的相关作者表示真挚的感谢。由于笔者时间和水平有限，书中难免会有不足之处，敬请各位同行和广大读者批评指正。

曹　静

2024 年 2 月于广州

目 录

第一章

大学数学与课程思政概述

第一节　大学数学教学现状及存在问题

一、大学数学教学现状概述

大学数学作为公共基础课程，由微积分学、代数学、几何学及其交叉的内容组合而成。在完成这门课程后，学生应熟练掌握微积分和代数的基本概念、理论和方法，深入了解数学的思想、理论和方法，形成更为宽广的知识结构。此外，农业专业的学生还应满足现代农业、生物科学技术、信息科学技术等领域对其数学知识、能力和素质的需求，为后续课程和应用数学知识解决实际问题打下坚实基础。因此，该课程的教学目标应包含以下三点：

（一）知识传授

1. 传授基本概念、理论和方法

要求学生掌握一元函数微积分学、微分方程、多元函数微积分学、向量、行列式、矩阵等基本概念、基本理论和基本方法。重点要求学生掌握极限、连续、微分的概念及计算，中值定理、洛必达定理、原函数和不定积分的概念及计算，定积分的概念、性质、几何意义和计算，微积分的基本公式，偏微分与全微分的概念及计算，二重积分的概念及计算，行列式的性质及计算，矩阵的运算，矩阵的逆与秩，矩阵的初等变换，向量组的秩，线性相关，线性方程组的解的结构，解的判别及求解法等内容。

2. 反映学科前沿和现代应用

教师需要密切关注数学学科和农业学科的发展动态以及国际前沿研究，通过精心设计的教学过程和先进的教学方式将数学学科的思想、方法和理论等与信息科学、生物科学、现代农业等现代科学技术进行交叉融合。在教学过程中，应注重先进性和互动性，使学生更好地理解和掌握知识。[1]

虽然微积分和线性代数是古老的学科，但它们被广泛应用于现代科学的所有领域。因此，教师在传授知识时，应注重理论与实际的联系，引导学生主动关注和思考科学技术的前沿问题，并积极寻求解决方案或优化策略。

为了更好地适应新时代的需求，学生必须积累大量行业前沿知识，并具备创新精神和全球化视野。因此，教师需要对数学学科的发展趋势有总体的把握，对农业学科的发展动态有全面的了解，了解国内外数学学科与农业学科的研究热点，关注数学学科与农业学科交叉融合的先进案例，瞄准科学技术前沿领域，实时更新学科发展动态与现代科学技术的热点知识，并及时传授给学生。通过这种方式，教师和学生可以共同关注数学学科和农业学科的发展动态，掌握现代科学技术的前沿知识，为未来的科学技术发展作出贡献。

（二）能力培养

1. 培养学生的数学核心素养与能力

大学数学教学通过数学概念的抽象形成、数学理论的推演论证、数学公式的构建运用等内容传授，培养学生的数学核心素养——数学直觉、数学思辨、数学演算；此外，还需注重培养学生的抽象思维能力、逻辑推理能力、运算技巧，以及自主获取知识、分析问题、解决问题的能力。

2. 培养学生的独立思考与实践创新能力

教师在大学数学课程的设计和教学过程中应注重结合实际案例，帮助学生深刻理解相关理论，并激发他们的求知欲望；同时，结合大学数学在自然科学和社会科学中的实际应用，鼓励学生关注现代社会发展和科技发展中数学理论的现实应用，激发他们学以致用的实践创新热情。

大学数学课程还需注重理论与实践相结合，利用数学软件编程模拟大学数学中涉及的各种图像和动画，强化学生的动手能力和实践能力，激发他们的学习热情，并努力培养他们的数学建模等实践创新能力。

这些教学方法旨在帮助学生更好地理解和应用数学理论，增强他们的实践能力和创新思维，为他们的未来发展奠定坚实的基础。

3. 培养学生的数学审美能力

大学数学课程应注重培养学生的数学审美能力，通过深入挖掘教学中的数学元素，呈现出数学美的"统一性、简单性、对称性、整齐性、不变性、恰当性和奇异性"[2]，旨在提高学生的数学审美意识以及感受和运用数学的能力。

4. 培养学生阅读、整理和利用文献资料的能力

文献资料的阅读、整理和利用是大学生必备的学习能力之一，也是通识课程和专业课程学习的基础。大学数学课程将课堂教学进行扩展，要求学生参考与本课程相关的数学史、数学理论和数学应用等资料。因此，在教学过程中，教师应注意示范和引导，培养学生查阅文献的能力，使他们能够自主学习和自主研究。

（三）价值引领

1. 在学生内心厚植家国情怀，增进学生的爱国热情

在大学数学课程设置上，必须确立"以人为本"的基本导向，坚持高校教育教学应做到的"四个回归"，并赋予其价值导向的任务，以不断提升育人效果。在大学数学的课堂教学中，教师应结合教材内容，通过对数学家成长过程的描述，激励学生努力学习、不断进步；同时，通过教学增强学生的民族自豪感和自信，充分发挥思想政治教育的作用，引导学生树立正确的价值观，培养他们的国家意识以及民族精神。在课堂上，教师应该鼓励学生树立爱国主义精神，激励学生努力学习并为祖国的现代化进程作出贡献。

2. 帮助学生树立服务"三农"的意识，引导学生勇于承担"强农兴农"的历史使命

教师在教学过程中，结合社会热点和国内国际时事，采用多种形式介绍"三农"问题，使学生对解决"三农"问题的重要性有更深刻的认识。通过对国民素质的提高、经济的发展、社会的安定、国家的富强等方面进行探讨，教师将服务"三农"的思想植入每位学生的心中。在新时代、新背景下，教师要注重培养学生对"学农、爱农、务农"的认知和热情。通过多种形式的教学活动，教师要帮助学生牢固树立"基层最能锻炼人、农村最为需要人"的理念。同时，教师要引导学生勇于承担"强农兴农"的历史使命，通过深入探讨如何完成在新时代扎根基层、为"三农"服务这一重大的历史任务，激励学生为实现乡村振兴贡献力量。

3. 鼓励学生求真务实、开拓创新，提升学生的科学素养和综合能力

大学数学这门课程的教学中蕴藏着课程思政的思想与方法。该课程涵盖了概念的生成、问题的求解、结论的推导、规则的发现等内容，旨在培养学生求真务实的科学精神、发现问题的能力、利用所学理论知识进行深入研究的能力，以及将现实问题与理论知识相结合从而解决实际问题的能力。在教学过程中，教师应介绍如何运用数学思想、数学方法和数学技术解决现代科学技术中的难题，强调学科融合交叉的重要性，并打破知识学习的专业边界，提升学生的综合能力与科学素养。

21世纪，数学已经成为人类文明的一个重要组成部分。随着科学技术的快速发展及科学探索进程的加快，学科间的交叉融合变得越来越深入，而在众多学科当中，数学是与其他学科交叉最为深入、知识渗透最为广泛的一门学科。农业专业的学生更需要具备较强的数学能力与较高的数学素养，而大学数学课程的教学质量影响着农业专业学生的数学思维与数学素养，农业专业学生的数学素养影响着社会上农业专业劳动者的素质，而农业专业劳动者的素养影响着农业经济发展水平，由此会对国家的经济发展水平和速度产生一定的影响。

二、大学数学教学中存在的问题

传统的大学数学课堂教学存在一些问题，学生只是从一种固定的模式中获取数学知识，在这种模式中，教师热情地传授知识，学生则是被动地接受，这导致学生缺乏学习动力，出现数学学习意愿的缺失，甚至对数学产生恐惧，最终导致数学教学效果欠佳。这种问题在基础数学教育和中等数学教育中都存在，在大学数学教育中更为突出。传统的数学教学方式通常采用"概念—定理—例题＋教师讲授、学生听课"的模式，缺乏对学生数学思维和应用技能的培养，导致学生学习数学只为应付考试而非真正理解和掌握数学知识。

目前对大学数学教学的研究大多只关注教育制度、高校以及教学等方面存在的问题，往往忽略了学生学习过程中存在的问题。实际上，提高大学数学的教学质量绝不能仅靠学校和教师，学生自身的学习态度、学习习惯、学习方法等都在其中起着非常重要的作用。在本书中，笔者从学校、

教师和学生三个角度，对当前高校数学教育存在的问题进行了归纳和剖析。

在高等院校中，许多非数学专业设置了大学数学类的课程。作为培养高等农业人才的重要机构，农业高等院校也为农业专业的学生开设了大学数学课程。在对国内著名农业院校的数学课程展开调查后，笔者发现，国内农业院校的非数学专业主要开设的数学课程有微积分、线性代数、概率论与数理统计等。此外，这些学校还会根据不同专业的学生在数学方面的不同需求对其进行分层教学，针对不同水平的学生所采用的教科书也是不同的，因此在课程上也是有所不同的。

这些学校的数学课程大致上可以按专业进行划分，包括理工类、经济管理类、城市规划类、农业类、医学类、文史类等。然而，笔者在调查中发现，各个农业高校进行大学数学教学的过程中还存在着许多问题。其中，在学校、教师和学生这三个主体上普遍存在着较为突出的问题，具体表现为：学校缺乏对大学数学教育的重视和投入；教师教学方法单一、缺乏创新；学生缺乏学习动力和学习兴趣。这些问题不仅影响了大学数学的教学质量，也制约了农业高校的整体发展。因此，农业高校需要采取积极措施解决这些问题，提高大学数学的教学质量，促进农业高校的整体发展。

（一）农业院校在开展大学数学教学中存在的问题

1. 忽视数学教学的地位

在当前农业院校的大学教育中，有一个较严重的问题是对数学教学的忽视，原因在于未能充分认识到大学数学的重要性。一些农业院校单方面将大学数学看作不同专业课程的附加课程，只用其来促进职业课程的发展。这种错误的观念使其无法正确理解大学数学的意义。这种片面观念不可避免地会导致大学数学课程的失衡发展，并对整个课程的设计产生负面影响。然而，当前的社会发展要求大学生具备终身学习的意识和能力，而数学学习是学生生命中不可或缺的一部分。因此，忽视数学教学很可能会直接影响大学教学目标以及全面教育目标的实现。

2. 教材的开发缺乏创新

目前大学数学的教学材料有多种版本，大部分是为综合学院和大学而设计的，对农业院校而言，缺乏足够的专业化和针对性。农业院校在使用大学数学教材时通常沿用以前的版本，缺乏创新选择。尽管高等教育中数学教材改革一直在进行，但农业院校的实际受益有限。教材的选择直接影响学生对数学知识的深入理解，那些难度过高或过低的教材也会影响学生对数学兴趣的培养。此外，针对农业院校的自身特点，目前适合的大学数学教材相对较少，这种情况会导致一定程度的资源浪费，不利于最大化课程的利用效果。因此，我们有必要进一步对农业院校开发符合其特点的数学教材这一问题进行研究和创新。特别是在生物技术与信息技术飞速发展的今天，在教材中体现农业学科发展的现状以及农业学科发展动态的内容十分重要，将数学学科与农业学科交叉融合的先进案例与前沿研究融入教材内容也不可或缺。

3. 高中与大学的数学内容衔接不合理

20 世纪末期，国家提出了德智体美劳全面发展的教育方针，以及培养具有较强个性和综合素质的"新一代人才"的要求。但是，在实施的过程中，有些地方的教育部门没有充分认识到素质教育的内涵，在修订高中数学的教材时，删去了一部分抽象复杂的知识，反而加入了一些大学数学课程中较简单的知识。比如，有些地区的高中数学教材删去了极坐标、复数、反三角函数、空间曲面等知识，反而增加了微积分、线性代数以及概率等大学数学的内容。表面上看这样的改变似乎让高中数学内容与大学数学内容更好地衔接了，然而事实恰恰相反。为了能顺利考上大学，许多高中学生搞"题海战术"，因而没有真正理解大学数学的知识和理论，只是囫囵吞枣、走马观花、一知半解地学习，有些学生甚至只是死记硬背公式，生硬地套用解题方法，其数学思维、创新能力、逻辑能力等并没有得到显著提高。此外，由于对新课标（指《义务教育课程方案和课程标准（2022 年版）》）的认识差异，各地中学对数学教材的修改也大不相同[3]。同时，部分地区的高中数学课程以复数、反三角函数等为主要教学内容，不涉及高等数学知识，这导致来自不同地区的学生掌握的数学内容各不相同。可惜的是，各高校的数学教学内容和知识结构也没有针对不同学生的数学基础进行相应的调整。因此，无论学生来自什么地方，无论学生有什么样的基础，在同一个专业都是学一样的大学数学内容。这就导致了一些没有学过复数、反三角函数、空间曲面等知识的学生在大学数学学习中很难理解有关的课程知识，而已经学过这些知识的学生在学习有关的课程时，又会觉得枯燥无味、没有新意。

（二）教师在开展大学数学教学中存在的问题

1. 教学的手段与方法较单一

人们普遍认为在大学数学教学过程中，学生是主体，教师是主导。学生是教学过程的主体，教学内容的理解需要学生积极主动完成，这关系着他们的数学素养的形成和发展。而教师则起到了外部条件的作用，并为学生提供服务。在"以生为本"的教育思想和基于生活的教育意识中，学生被视为学习的起点和目标之一。在传统的教学模式下，大学数学课堂上仍然存在着"概念—定理—例题 + 教师讲授、学生听课"的教学方式，在这种模式中，教师传授知识，学生被动接受知识。学生的积极思考和积极反馈在教学中并没有充分展现出来。大学教育与中学明显不同，数学教学不能再采用"灌输"或者"填鸭式"的方法，而应该根据学生的不同需求进行差异化和优化的教学。随着时间的推移，教学方法和手段也需要不断地改革创新。随着信息技术的深入发展，农业院校和大学数学课程也需要充分反映现代教学方法的应用，这对于有效传授知识、提高学生对学习的兴趣和促进应用数学教学的科学发展至关重要。

2. 教学过程中师生互动较少，学情分析与教学效果欠佳

一方面，在传统的课堂教学模式下，教师和学生之间存在一些限制，包括自由程度的限制、教师与学生交流的限制以及时间和空间限制等。这使得教师很难准确了解教学情况和教育条件，尤其是在教室里有数十甚至数百名学生的情况下，教师往往只能凭借经验来大致判断。而事实上，只有充分了解学生的教育条件，教师才能准确评估课堂教学内容的难易程度，并合理设计与学生的理解、接受和应用水平相匹配的课程。随着现代信息技术的发展和智能化水平的提高，人们之间的交流变得更加多样和便捷，教师和学生之间的交流也必须变得更加广泛和深入。另一方面，因为大学数学教学大纲的内容比较多，所以教师在每一节课上都要尽快把要求的内容讲完，很少有时间与学生进行交流和互动。在单一的教学方法下，学生很难长时间地集中注意力，再加上他们所学的知识太过抽象，有时很难理解部分知识。因此，许多学生到了后面就会产生放弃的想法。此外，

在教学的过程中，教师更注重对数学理论的讲解，某种程度上使数学理论与应用实践相分离，导致学生不了解数学知识的用处，更不清楚大学数学的学习对于今后的专业学习以及个人发展有什么帮助，进而影响学生学习大学数学的积极性。

3. 教师对课程思政的重要性认识不够

立德树人是教育工作者的天职，但是在教师队伍中，有些教师的思想政治观念淡薄，对课程思政的重视程度不够，没有充分发挥出课程教学的思想政治教育功能，因此思想政治教育很难涵盖所有的学生，也很难贯穿教育的全过程[4]。一些教师缺乏政治素养，他们的政治理论水平不高，政治敏感度不高，看问题的角度不够全面，缺乏对课程价值的引导意识，不能很好地履行立德树人的职责。也有一些教师育德观念淡薄，以教学为生计，对育德的热情不足，"教"而非"育"，不以育人为本分，不能正确认识教书与育人之间的关系，对"教"与"育"之间的关系存在偏见。他们以"教"为本、"育"为纲，忽视了"教"与"育"相结合的理念，在"教"的过程中，未能如盐入水一般对学生进行"教"和"育"。除此之外，大学生的思想政治素养和科学文化素养等培养工作涉及的范围很广，很难对其进行量化，因此在考核方面存在一定的难度，这就导致了课程教师对课程思政的认可程度较低。

4. 教师的课程思政能力不足

数学课程思政元素的挖掘既是科学，更是艺术。虽然现在教师在传授知识的同时越来越重视德育教育，但是教师的思想政治素养、专业视野等有限，使得课程思政元素挖掘的深度与广度不够。尤其是理工科教师在培养学生时，更注重培养学生的"才"和"器"，而较少培养学生的"德"，从而造成学生"专"上到位、"红"上欠缺。[5]

5. 教师的信息技术利用率较低，课堂教学成效受限

数学教学与教育信息技术的融合变得越来越紧密，然而，数学教师在实际教学中对信息技术的运用水平和效率仍然相对较低。其中存在一些原因。第一，教师一直具有"重硬件、轻软件"的思想与观念。[6]有时候虽然在教室配备了各种机器和设备，但由于缺乏适合的辅助软件或者教师对软件的应用延迟，许多设备成了摆设。第二，教师的信息技术培训观念具有局限性。许多人认为，在大学中数字化信息化的应用仅仅是指使用投影

仪，而并不包括在黑板上教学、将教学材料上传到网上，以及制作丰富的信息化教学资源（如图片、视频、动画等）等更加全面的应用方式。因此，需要加强对数学教师信息技术运用能力的培训与提升，以提高课堂教学的效率。

（三）学生在大学数学学习过程中存在的问题

学生是教学的主要组成部分，也是课堂教学的主要参与者。在教学中，我们普遍认为学生是主体，教师是主导，学生是学习过程的核心，在教学中扮演着重要的角色。与此相对，教师则象征着外部条件，处于为学生服务的从属地位。要想获得良好的教学效果，就需要学生主动参与教学活动。大学数学课程一般都在大学一年级开设，刚刚进入大学的学生因为学习环境、学习方式以及管理方式的改变，学习状态也会受到较大的影响。从学生的学习角度来看，教学效果受如下因素的影响：

1. 学生自主学习能力较低

学生的主观能动性是影响其学习效果的诸多因素中最为主要的因素。不少学生出于各种原因难以集中精力，并且自主学习能力较低。影响学生激发内驱力、发挥学习自主性的原因主要有以下三个方面：

第一，大一学生在学习过程中容易出现迷失感，这不利于他们主观能动性的发挥。刚刚经历过高考的大一学生，没有了升学的压力，容易在大学的学习中迷失方向，往往对学习的价值和意义、个人的责任与担当缺乏理性认识。学生常常有"数学就是算术""数学无用论"的错误观点，因此在学习中容易出现消极态度和畏难情绪。此外，在大学的第一年，许多学生都处于迷失状态，没有学习计划和目标，时间管理不合理，学习的主观能动性较低，学习效果不理想。

第二，学生缺乏教师、父母的监督，其自律与自控能力不强。大学有着各种各样的社团活动，这对刚踏入大学校园的新生来说是一种很新鲜的体验。有些学生因为没有了教师和父母的监督，很容易就会被各种丰富多彩的校园活动吸引，把大部分精力放在了社团活动上，因而出现顾此失彼、本末倒置的情况，在不知不觉中懈怠了学习。

第三，学校的教学模式发生了变化，使学生较难适应。大学数学是一门课时长、内容多、难度高、节奏快的课程，这让很多学生常处在一种手忙脚乱的状态，不知道如何才能与之相适应。一方面，学生需要花更多的时间学习大学数学课程；另一方面，没有家长和教师的督促，学生往往会疏于复习巩固，问题越积越多，以至于积重难返。与此同时，大学课程平时测验少，有些课程只会在期末进行考试，学生并不清楚自己的阶段性学习情况如何，因此许多学生在学习中逐渐松懈下来。

2. 学生对学习数学的兴趣不高

根据中国人民大学近千名非数科本科生的相关数据，近半数的大学生对数学没有太大的兴趣。为什么那么多学生对数学没有兴趣？笔者分析和归纳了四点原因。

第一，高中教学模式的影响。大多数情况下，高中为提高学生高考成绩都会采用"题海战术"，这让部分学生对数学产生了厌烦情绪和畏惧心理。一些学生在进入大学数学课堂前就已经有畏惧感了。

第二，高校数学课程的特征影响。大学数学的内容多、知识抽象、教学节奏快，给学生的学习带来了很大的困难。畏难思想使得不少大学生对大学数学学习存在着抗拒、消极的心理。

第三，传统的教育方式对学生产生的影响。传统的"填鸭式"、单一的讲授方法，使得课堂气氛庄重却缺少勃勃生机。大学数学教师严谨认真，更注重知识本身的传授，而忽略了教学手段的灵活运用，缺乏多样的教学方式来调动学生学习的积极性和学习兴趣。

第四，师生互动较少，沟通不足。受传统课堂教学模式的影响，师生之间只有课堂这个单一的交流通道，加上大学师生关系松散以及师生沟通的时空限制，教师与学生不熟悉，更缺乏必要的沟通。这些问题也直接影响学生的学习兴趣和学习积极性。

3. 学生学习依赖性强，缺乏独立思考与深入探究能力

高中数学学习内容少，教师会总结出解题步骤、技巧等教给学生，大部分学生都是"拿来主义"，对教师的解题步骤和技巧生搬硬套，没有形成自主的思考习惯和学习习惯。在高考的压力下，教师会让学生重复练习题目，这样的练习方法会使学生产生一种"做题就能学好"的错觉。然而，大学的数学课堂容量大、教学节奏快，内容较高中数学更加复杂抽象，更注重个人的思考、梳理、归纳和总结，而部分学生还没有从高中的"题海战术"中转变过来，因而独立思考与深入探究能力不足，学习效果不理想。

新时代对高校人才培养提出了更高的要求。高校担负着培养社会主义建设者和接班人的使命和责任，应该不断调整和优化培养目标以及培养方式，使学生更好地适应社会的需要和国家的需要。数学，特别是理论数学，是我国科学研究的重要基础，"卡脖子"问题就是卡在基础学科上，因此要激发学生刻苦钻研、勇于探索、不畏艰险的拼搏精神。尤其是农业院校，它是培养高素质农业人才的摇篮，"以强农兴农为己任，培养更多知农爱农新型人才"是高等农业院校的重大任务。加快培养创新型、复合应用型、实用技能型新农科人才已成为当前及今后我国农业院校发展的重要课题。要在大学数学课程中体现"三农"特色、培养学生的数学核心素养，以适应新时代对新型农业人才的需求，就必须先解决以上这些问题。

第二节　大学数学教学中融入思政教育的现状与问题

一、大学数学教学中融入思政教育的现状

（一）全国思政教育的背景

2016 年全国高校思想政治工作会议召开后，各地高校按照"整体布局，逐步实施，滚动发展"的原则，加速推动思政课程向课程思政转变，在构建"全员、全过程、全方位"的"三全育人"教育体系上取得了一定的成绩。近几年来，高等教育司以及各地各高校都将全国高校思想政治工作会议的精神贯彻到了实处，将立德树人的效果作为检验学校各项工作的基本标准，紧紧围绕着"全面提升人才培养能力"这一中心，让所有学校的所有学科都承担起了思想教育的职责，形成了一个"全员、全过程、全方位"的教育大格局，具体表现如下：

1. 进行课程思政建设顶层设计

2020 年，教育部发布《高等学校课程思政建设指导纲要》，对课程思

政建设的内容、课程体系进行了界定，并对高校不同学科的专业课程进行了思政资源的深入挖掘，使不同学科、不同课程与思政课同向同行、协同育人；同时，建立教育部课程思政工作协调小组，对课程思政工作进行统筹指导和部署。另外，《全面推进"大思政课"建设的工作方案》于2022年由教育部等十部门联合发布，旨在聚焦立德树人根本任务，全面推进"大思政课"建设，要坚持开门办思政课，充分调动全社会力量和资源，建设"大课堂"、搭建"大平台"、培养"大先生"、拓展"大格局"，推动思政小课堂与社会大课堂相结合，使"大思政课"的生命力得以充分发挥。

2. 推出课程思政各类示范

各高校重点实施马克思主义学院建设工程，在"国家队"的引领下，各省区市也相继推出"重点马院""示范马院""特色马院"等不同形式的机构，使马克思主义学院成为办好高校思政课的坚强战斗堡垒。同时，各省区市从"点"入手，抓"点"促"线"，以"线"带"面"，推出各具特色的课程思政示范课堂、课程思政示范课程以及课程思政优秀案例，打造由教学名师带头的课程思政教学团队，建设课程思政教学研究示范中心等，同时还积极建设课程思政资源库，将优质资源进行数字化转化。

3. 建设强有力的课程思政师资队伍

不仅教育部组织举办高校教师课程思政教学能力培训，各省区市也积极组织相关培训和学习活动。除此之外，各高校也构建出高校党委统一领导、党政齐抓共管、教务部门牵头抓总、相关部门协同联动、院系落实推进的课程思政建设工作格局。各高校从本校专业与特色出发，在文理工农医等不同学科专业中组织教师课程思政教学能力培训。各高校积极响应国家的指导思想，积极组织各专业教师进行各类课程思政培训，努力打造思想品德过硬、专业能力扎实的教师队伍。

（二）大学数学教学中融入思政教育的意义

1. 大学数学教学中融入思政教育是落实立德树人根本任务的需要

习近平总书记在2016年12月的全国大学思想政治工作座谈会上指出，高校要坚持把立德树人作为中心环节，把思想政治工作贯穿教育教学的全过程，真正做到全程育人、全方位育人[7]。从2017年开始，《高校思想政治工作质量提升工程实施纲要》[8]《教育部等八部门关于加快构建高校思想政治工作体系的意见》等文件先后由教育部及相关部门联合印发,其核心任务是在课程思政的指导下,积极推进课堂教学的改革,把思想政治教育和知识化教育有机结合起来。教育部于 2020 年 5 月发布的《高等学校课程思政建设指导纲要》对此进行了重点阐述,并对目标要求、内容重点和建设途径进行了阐述,对新形势下的课程思想政治建设进行了深入探讨。2022 年 7 月教育部、中央宣传部、中央网信办等十部门印发《全面推进"大思政课"建设的工作方案》,进一步强调建设"大课堂"、搭建"大平台"、建好"大师资",推动各类课程与思政课同向同行。大学数学是高等院校开设的一门重要的公共基础课,课程的受众面大、辐射面广。在农业院校的大学数学课程教学中,教师应重构课程内容,搭建广阔的信息化数学教学平台,将数学知识和思政内容相结合,注重在课程教学中对学生进行培根铸魂与价值观的引导,引导学生坚定"四个自信",牢固树立"知农爱农""强农兴农"的理想信念,努力培养学生的家国情怀、责任担当和务实创新的精神,使其成为担当民族复兴大任的时代新人。为贯彻立德树人的根本任务,教师必须在高校数学教学中进行课程思政的构建和实践。

2. 大学数学教学中融入思政教育是学校深入推进"双一流"建设的重要举措

教育部把课程思政建设成效纳入"双一流"建设评价、本科教学评估、学科评估、专业认证、"双高计划"评估、教学成果奖评审等,构建了多维的课程思政评价体系。全国各高校也结合自身特点以及发展需要,制定了一系列有关课程思政的文件与方案,以此为指引加快推进课程思政建设,现以笔者任教的华南农业大学为例做简要介绍。华南农业大学在发布的《华南农业大学高水平本科教育实施方案》(华南农办〔2019〕100号)文件中提出了建设一流本科专业、一流育人平台、一流课程、一流教材、一流教师队伍的目标和加强学生思想政治教育的主要任务。在构建"全员、全过程、全方位"的"三全育人"的大格局的过程中,加强教师立德树人的意识,强化课程思政与专业思政,将思想政治的要素有机地融合到各学科之中,对思政的内容进行科学理性的设计。华南农业大学在《"党建引领,协同创新,构建'三全育人'新格局"综合改革试点工作方案》(华农党发〔2019〕36号)的文件中明确了课程思政的目标任务:

深刻把握通识教育、专业教育和思政教育的育人共通点，要在课程思政的指导下，推动课堂教学的改革，建设让学生喜爱的"金课"；要充分发挥专业教师在课程育人中的主导地位；要让各种课程都与思想政治理论课同步发展，把思想政治教育和价值观教育有机地结合起来。[9]华南农业大学课程思政研究中心于 2020 年 5 月正式成立，并确定了课程思政研究中心的组建计划。2022 年 7 月华南农业大学对进入"双一流"建设行列后的人才培养工作进行动员部署，明确指出要充分发挥党建思政的引领作用，处理好对标一流与立足校情的关系，在构建一流人才培养体系的大目标下，找到适合学校实际的路径和举措。学校的这些文件、举措和部署的发布，为课程思政的构建和研究提供了制度保证。

3. 大学数学教学中融入思政教育是课程自身建设与改革的需要

教育部 2019 年的工作要点明确提出了要深化高等教育的内涵式发展，持续推动新工科、新医科、新农科、新文科的建设。适应未来"三农"发展的需要、为乡村振兴发展提供更强有力的人才支撑，是高等农业教育担负的时代重任。大学数学课程面向全校农业专业学生开设，课程设计和教材内容均具有鲜明的农业特色，该课程以立德树人为中心，以培养担当民族复兴大任的时代新人为教学目标，以"懂农业、爱农村、爱农民"为核心，将服务"三农"的理念贯穿于教学之中，并在课程体系、实践教学、协同育人等多个环节上进行教学改革与创新，助力构建具有农业大学特色的协同育人体系，将"三农"情怀根植学生的内心，培养学生"学农、爱农、务农"的精神，牢固树立"基层最能锻炼人、农村最为需要人"的理想信念，引导学生勇于承担"强农兴农"的历史使命与责任担当。因此，这门课程不但将重点放在了对大学数学的基本概念、基本理论和基本方法的讲授上，还将具有农业、生态、现代生物等领域特点的案例融入了教学内容中，并将数学建模的思想融入其中，重点突出数学在现代农业与现代生物领域中的实践与应用。课程内容有机融入"四个自信"、家国情怀、科技报国、中华民族伟大复兴、社会主义核心价值观等思政元素，在教学中重视培根铸魂与价值观引领，培养学生的家国情怀、责任担当和务实创新的精神，为培养具备国际前沿视野、科技创新能力和"服务三农"信念的高素质复合型人才打下基础。在教学过程中，可以将数学家、农学家和科学家的先进事迹引入课堂，逐渐培养学生吃苦耐劳、脚踏实地、团结奋进的精神，同时还能培养学生的工匠精神、爱国主义精神和无私奉献的精神。课堂思政引领作用突出，能达到思政内容与专业知识有机融合、全方位育人的良好效果，做到"思政巧妙入课堂，育人润物细无声"。

（三）大学数学融入思政教育的现状

多年来，各高校十分重视课程思政建设和教学改革与创新工作。笔者所任教的华南农业大学，无论是在师资队伍、人力资源、图书资源、网络教学资源、信息技术支持，还是在政策倾斜、财力物力投入等方面，都为此提供了全方位的支持，并取得了很好的效果。经过多年的建设与积累，大学数学教学与实践建立了完备的教学体系，积累了丰富的教学科研经验，课程在慕课、微课、翻转课堂方面也进行了持续建设，为大学数学融入思政教育提供了充分的条件。与此同时，大学数学课程以立德树人为教育遵循，不断积极探索思政教育融入本课程教学的有效方法，主要有以下几个方面：

1. 强化立德树人意识，树牢育人初心

身为高校教师，教师是首要的身份，教书是首要的工作，育人是首要的职责。大学数学课程教师持续强化自身的育人意识，落实立德树人根本任务，并对"课堂是育人主渠道、课程思政建设是硬任务"这一观点深信不疑。大学数学学科组有秩序地组织教师对习近平新时代中国特色社会主义进行了深入的学习，并对中国现当代史、改革开放史、社会主义发展史进行了认真的学习；同时，结合华南农业大学实际，深入学习全国优秀共产党员、前校长卢永根院士的先进事迹，在日常教育教学中践行育人初心。

2. 抓牢业务技能学习，提升育人能力水平

新时代高校教师担负着培养拔尖创新人才的历史重任。大学数学课程教师重视教学业务技能学习，积极参加学校和学院举办的"先锋讲坛""教学大讨论"等活动，不断加强自身的专业素养，丰富自己的教学实践经验；在此基础上，通过对《高等学校课程思政建设指导纲要》及相关文件精神的深入研究，明确了课程育人的目标、任务、重点内容，并在此基础上进一步认识和掌握在数学教学中实施课程思政的途径与方法，提升课程育人的实效。

3. 延伸"第二课堂",畅通思政教育"神经末梢"

重视"第一课堂"与"第二课堂"育人相结合,是高校数学课程思政改革的重要方向。课程教师重视与学生的交流和沟通,通过线上与线下结合的方式听取学生对大学数学课程思政效果的意见和建议,形成教学相长的沟通机制。同时课程教师还鼓励并指导学生参加省部级学科竞赛、校紫荆科技文化节、院 IT 科技文化节等活动,鼓励学生利用数学方法解决实际问题,将思政教育融入学生实践活动,促进学生成长成才。

二、大学数学教学中融入思政教育存在的问题

开展课程思政工作,是强化党对教育的全面领导、使学校成为坚持党的领导的坚强阵地的需要,是贯彻立德树人的根本任务、培养社会主义建设者和接班人的需要,是加速学校思想政治工作体系建设、提高学校思想政治工作的质量与水平的需要。深化课程思政是"三全育人"的重要工作抓手,是贯彻立德树人的重大战略举措,是建设高层次人才培养系统的有力突破口,也是教师在教育教学中发挥教育作用的必由之路。许多大学把课程思政作为目前思想政治教学的指导思想,并把它作为目前思想政治教学的一种管理方式,促进各种课程和思政课的同步发展,在共同育人中取得了一些成绩,但同时也暴露出教育主体的非全员性、教育过程的碎片化、教育方式的单一性、知识的传授和思想价值观的引导"两张皮"等问题,大学数学课程思政建设在学校和教师方面都出现了问题。

(一)农业院校在大学数学教学中融入思政教育存在的问题

学校是课程思政建设的"主阵地"和"主战场",高校在推进课程思政的过程中虽然有很好的预想和目标,但是在具体实施的过程中仍然存在一些不足。就农业院校而言,它们在大学数学教学中融入思政教育的过程既具有和其他高等院校相似的共性问题,同时也有因自身特点而展现出的个性问题。

1. 课程思政的纵向学段衔接不紧密

课程思政既是贯穿大中小学一体化的教育理念,又是在所有课程中都要贯彻执行的教育理念。各门课程、各个学段的教育都要结合自身实际,

做到因地制宜。首先，大学阶段课程思政目标与中小学阶段课程思政目标之间缺乏连贯性。小学的课程思政目标是促进学生的道德启蒙，培养学生的思想品德素质；中学的课程思政目标是提高学生的道德认知水平；大学的课程思政目标旨在坚定学生的理想信念。由此可见，大中小学的思政课课程目标之间缺乏连贯性，不同阶段的课程目标有脱节的现象。其次，大中小学各阶段的课程思政的内容重复性高，缺乏统一的、循序渐进的、逐步加深的整体设计。学生在不同时期的生理与心理特点不同，课程思政的内容应该结合学生各阶段特点进行统一部署与规划，达到润心启智、培根铸魂的思政育人效果，而不应该在内容上随意堆砌、简单重复。最后，中小学与高校之间缺少有效的交流，这在一定程度上阻碍了思政课程的有效衔接。各学段的学校很少有针对课程思政如何顺利进行的问题沟通的机会，缺乏对课程思政内容的整体把握，不能有效地形成思政育人的连贯性和有序性。

2. 课程思政的教学运行机制不完善

因为实施课程思政教学并不仅限于某个具体的专业，这就要求教师适时地改变自己的教育理念，同时也要求教师对教学内容进行持续优化、对教学方法进行创新。在新形势下，高校思政教学改革面临着新课题、新问题和新挑战。高校在建立起上下贯通、多元参与的运行机制方面存在不完善之处，在建立教师的课程思政技能培训机制的常态化、长效化方面普遍存在不足。特别是在以学院为实体的制度改革下，激发学院的积极性和主动性，使其持续建设兼具思政特色、学科特色、学校特色的课程思政品牌课程，从"点"到"线"再到"面"，形成逐个的课程思政品牌课程、同学科一系列课程思政品牌课程，以及全面铺开的全学科课程思政品牌课程网方面，还有较长的路要走。

3. 课程思政的教学资源不充足

多年来，由于学校对课程思政教学资源开发与利用的主体认识不全面，因此在选择、建设课程思政教学资源时有较强的片面性，造成课程思政的教学资源不充足。比如，第一，在选择课程思政教学资源时更加重视理论内容资源，忽略了现实内容资源。当前，课程的意识形态和政治资源过于集中在教育材料、培训津贴等方面，忽略了生活中丰富的素材以及积极进步的个人，这些也可以成为教育资源的重要组成部分。第二，在选择课程思政教学资源时重视大众内容，忽略具有地方特色、民族特色、自身特色的内容。很多学校在课程思政教学资源的建设中没有做到因地制宜，没有结合学校自身的特色来创设课程思政的教学资源。如果学校结合校风校训、发展历史来打造教学资源，使其符合教书育人的客观规律，内容会更具有亲和力和感染力。农业院校在从结合农业特色、服务国家重大战略以及乡村振兴等角度来开发课程思政教学资源方面显得尤为不足。第三，在选择课程思政教学资源时重视传统教学资源，忽略了现代教育技术等新型教育资源。当前，高等院校的教学资源以传统教学资源为主，随着信息技术和人工智能的快速发展，传统的教学资源已经无法满足教育教学的需求。但农业院校在智慧农业、现代生物技术、科技育种、现代生态等方面的思政资源开发还不足。

4. 课程思政的学科交融性弱

高校教育是分专业展开的，课程思政的推行过程会更加重视思想教育在各专业课程中的价值引领作用，容易忽略思政教育在各学科专业教育中交流融合的育人效应。比如，理工类、经济管理类、城市规划类、农业类、医学类、文史类专业通常会根据本专业的特点和重点来开展课程思政教育，但是在现代专业学科交叉越来越深入的今天，未能让思政教育在不同学科之间交流融合并形成思政育人的合力是比较普遍的问题。

（二）教师在大学数学教学中融入思政教育存在的问题

立德树人是每一个教育工作者的职责与使命，而课程思政建设的核心在于教师。在教书育人的过程中，教师扮演着重要的角色，也是课堂教学的首要责任人。同时，教师个人的思想品德、知识水平、气质和素质都将无处不在地影响着大学生的思想观念及行为。但是，在大学数学的课程思政教育中，教师也有其不足之处。

1. 教师对课程思政的重要性认识不够

一些教师的政治理论素养不高、政治敏感度不够，另一些教师的育德观念淡薄、对育德热情不足，他们只顾着教书而不是教育学生，对教书和育人之间的相互促进作用认识不够，片面地认为价值引导仅仅是思政课教师的职责与任务，忽略了在知识传授的同时如盐入水般地对学生进行思想启迪和引导。课程思政的构建，关键在于课程。如果没有良好的课程建构，高校的课程思政作用将会变成"无本之木""无源之水"。因此，高校必须遵循学科建构的规律，加强对学科建构的管理，才能使学科建构成为学科建构的基础。

2. 教师的课程思政能力不足

在挖掘专业课程中的思政元素时，教师需要既具备科学的方法论，又具备艺术的直觉。这要求教师在主观上意识到开展课程思政教学的重要性，同时在客观上具备挖掘课程中思政元素的能力。虽然现在越来越多的专业教师开始有意识地在传授知识的同时兼顾德育教育，但是目前大学数学课程教师的科学人文精神素养、人生境界、专业视野、人格魅力、课程思政教学设计能力和教学手段等与课程思政要求尚有一些差距，尤其是教师考虑育"才"重"器"的多，考虑育"人"育"德"的少，造成"专"上到位、"红"上不足，教学设计不够完美、教学载体不够充分、课程思政元素挖掘之深度和广度不够，无法运用马克思主义的观点对教学中存在的问题进行剖析，从而使立德树人的教学目标很难在课堂上实现。

3. 教师思政创新方法不足，思政育人效果不理想

思想政治是课程思政的核心。如果没有充分发挥思政教育的作用，课程教学将会丧失其灵魂、迷失其方向，进而造成在课程教学中知识传递、能力培养和价值引导之间的冲突，甚至是撕裂。一方面，如何将思政元素穿插、融入数学知识的讲解中，一直以来都是大学数学课程教学的一个难点。另一方面，课程思政元素的挖掘应该密切关注党和国家的中心任务及社会现实需要，而结合本校的农业特色、兼顾服务"三农"的课程培养目标以及助力乡村振兴战略等因素，使得在大学数学课程教学中融入思政知识更具有挑战性。当前，随着网络技术的飞速发展，数学课堂与教育信息化的结合日益密切。但是教师没有做到针对青年学生的思想、性格、学习特点，以创新生动的教学形式吸引大学生对思政教学内容的关注，导致大学数学课程思政教学效果不理想。

当前存在的这些问题，在某种程度上对大学数学课程思政教育的成效造成了一定的影响。它们不仅体现在学生数学核心素养的培养方面，还直接影响了学生的世界观、人生观和价值观的形成。积极进行大学数学课程融入课程思政的教学改革与探索对于大学生的成长与发展有着重要的意义和价值。

第三节　大学数学融入课程思政的改革探索

在方法论上，一切科学研究都具有一定的普遍性，而数学则是这种普遍性的具体表现；就其作用而言，数学作为一种通用于所有科研工作的架构，可以说是一种"万能"的工具；从教育学的角度来看，数学教学是帮助学生进行科学思考的最佳途径，它的优劣直接关系到高校整体教学质量的高低。针对高等农业院校大学数学教学中存在的问题与不足，积极地进行相关教学改革的探索与研究，对于大学数学教学的开展与农业院校的整体发展都有着重要的意义。另外，加强党对教育的全面领导，把高校建设成坚持党的领导的坚强阵地，实现立德树人的根本任务，培养社会主义建设者和接班人，是一项十分重要的任务。深化课程思政改革，是贯彻"三全育人"的重要工作抓手，是贯彻立德树人的重大战略举措，是建设高层次人才培养系统的有力突破口，也是教师在教育教学中发挥教育作用的必由之路。为了适应未来"三农"发展的需要，为乡村振兴发展提供更强有力的人才支撑，是高等农业教育的时代重任。大学数学课程以提升学生数学核心素养为目标，践行服务"三农"的初心，秉持培养"三农"的情怀，推进课程体系创新、理论教学与实践教学相结合、课程思政协同育人等方面的教学改革与创新，具体从以下几个方面来实现：

一、思政元素与数学知识有机融合的实施路径改革

大学数学课程组挖掘大学数学课程中极限、函数的连续性、导数、中值定理、积分、行列式、矩阵和线性方程组等内容中所蕴含的思政元素，并研究与相关知识点结合的课程思政融合方式与实施途径；对标"五位一体"的育人目标，从问题出发，结合教学体系建设，将课程思政与教学内容的融合、与教学过程的融合、与教学评价的融合作为一个重要环节，注重学生数学素养的养成以及"三农"情怀的培养，搭建课前、课中、课后的全过程课程思政育人模式，形成教学育人闭环（见图1-1）。

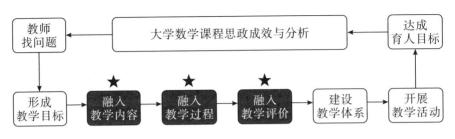

图 1-1　教学全过程的课程思政实施路径

二、优化知识模块与课程思政模块以满足新时代新型农业人才的培养需求

以"强农兴农"为己任、培养更多"知农爱农"的新型人才是高等农业院校的一项重大任务。加快培养创新型、复合应用型、实用技能型新农科人才，是当前和未来高等农业院校在新农科建设中的主要任务。大学数学教学突出"三农"问题，在教学中不断优化知识结构、融入数学建模的理念，使学生能够用数学的眼光来看待这个世界，增强他们的抽象思维、逻辑推理和创新创造能力，使他们能够用数学的语言来描述这个世界，培养他们的数学建模、应用意识和数据分析能力，从而满足新时期对农业人才的需要。数学核心素养与"三农"需要紧密结合的知识模块与课程思政模块如图 1-2 所示。

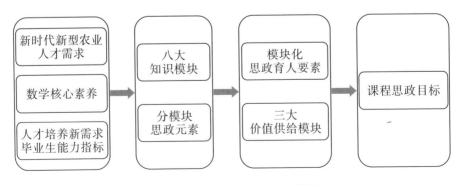

图 1-2　知识模块与课程思政模块

三、"一体化"思政元素与数学知识有机结合的教学体系改革

大学数学课程不但侧重于基本概念、基本理论和基本方法的教学，还开展以问题探究为主的课堂互动学习，强化科学思维方法训练，同时重构课程内容。课程内容融入农业、生态、现代生物等领域的特色案例，重点突出数学在现代农业与现代生物领域中的应用；同时在教学中重视融入培根铸魂与价值观引领的元素，将优秀的数学家、科学家的名人逸事有机融入教学内容中，培养学生的家国情怀以及求真务实、开拓创新的精神；把中国优秀的传统文化和数学知识结合起来，培养学生的民族自豪感和文化自信心；将现代科学技术的发展前沿与数学理论的应用相结合，激发学生的历史使命感和责任担当。笔者所在课程组还充分发挥课程团队科研能力强的优势，将最新研究成果带入课堂，增加了应用拓展的内容，体现了课程的高阶性和挑战性。教学体系如图 1 – 3 所示。

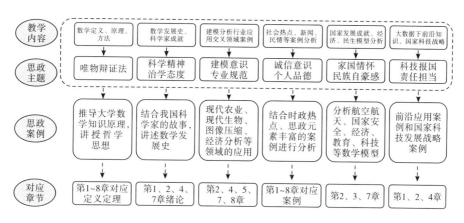

图 1 – 3 "一体化"思政元素与数学知识有机结合的教学体系

为了构建上述"一体化"思政元素与数学知识有机结合的教学体系，将大学数学课程蕴含的思政教育资源运用在课堂教学中，使思政内容与数学知识有机结合，发挥育人功能，具体可以从以下三个方面进行探索和改革：

第一，探索数学教学内容与学科发展前沿、现代科技、智慧农业和社会需要相结合的途径，授课内容体现先进性、应用性和学科交叉性。在农业专业的数学课堂教学中，结合农业特色巧妙地嵌入问题，以引起学生的注意，激发他们的求知欲，并向他们传递数学思想和理念。教师通过理论联系实际的教学方式，结合数学建模的方法，向学生介绍大学数学的理论与方法在农业、生态、现代生物、经济、密码学、航空航天和日常生活中的应用，让学生体会到数学普遍存在于科技、社会、生活等各个方面，使他们对华罗庚的那句话——"宇宙之大，粒子之微，火箭之速，化工之巧，地球之变，生物之谜，日用之繁，无处不用数学"有更深体会。提高学生对数学的兴趣，培养他们学好数学、运用数学的信心。

第二，探索如何将我国数学从古代到现代取得的成就、对世界的贡献以及数学家（科学家）的事迹等融入教学内容，使学生学习我国科学家不畏清贫、爱国奉献、投身科学和勇攀高峰的优秀品质，让学生感悟他们高尚的道德觉悟、赤子般的爱国之心以及科教报国和追求卓越的精神，引导学生树立民族自尊心，激发其爱国主义热情。

第三，探索数学在人工智能、量子通信等领域的应用案例，让学生牢固树立服务国家重大战略需求的意识，让学生深刻认识到数学，特别是理论数学，是我国科学研究的重要基础，"卡脖子"问题就是卡在基础学科上，激发学生刻苦钻研、勇于探索、不畏艰险的拼搏精神。

四、基于"新农科"的全链条全要素课程思政多元化教学模式改革

笔者从教学方法、教学活动和实践活动三个层面，对大学数学课程思政进行了研究；通过教师讲授与学生专题讨论相结合、线上与线下相结合、理论教学与实践活动相结合、课内集中授课与课外学生自主学习相结合，将思政要素穿插和融入对专业知识的教学中，做到"思政寓于课程，课程融于思政"；深度运用信息化教学手段，让现代信息技术融入课堂教学，优化教育资源的分配，并采用多样化的教学方法和情境教育内容，以扩大教学范围并创造和谐、开放、灵活、多元化的大学数学课堂教学制度；利用现代信息技术把数学学科与信息科学、生物科学、现代农业等现代科学技术交叉融合的研究热点与最具代表性的研究成果制成课件、视

频、图片资料等教学资源，展现在学生面前，让学生可以及时了解到最新的知识、接触到学术研究的前沿，从而激发他们的学习动机，让他们真正意识到数学是一个对本专业科研工作有帮助的极好的工具；运用引导学生参与课堂专题讨论等教学方式，提升学生的学习积极性，培养学生查阅文献、制作 PPT、语言表达、逻辑思维、抽象思维和综合分析问题的能力，增强学生的团队意识和团结协作的精神，促进教与学之间的互动，活跃课堂教学气氛，有效提高课堂教学质量。例如，笔者讲授极限思想以及无穷小量时，让学生通过查阅资料了解世界数学史上第一次、第二次数学危机的产生和解决过程，让学生从数学家们坚持不懈、敢于质疑、迎难而上、不屈不挠的科学精神等方面谈收获；在讲授线性方程组时，给学生展示在优化物资配置中线性方程组求解的应用，引导学生理论联系实际、学以致用。教学模式如图 1-4 所示。

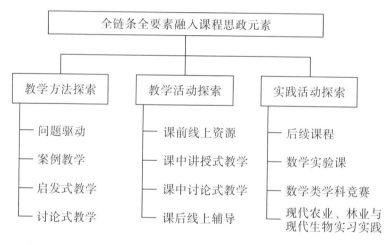

图 1-4　基于"新农科"的全链条全要素课程思政多元化教学模式

五、基于现代信息技术数学核心素养与课程思政交融的课程教学评价体系改革

在《深化新时代教育评价改革总体方案》中，改进结果评价、强化过程评价、探索增值评价、健全综合评价[10]是当前我国教育领域亟待解决的

问题。在此基础上，雷新勇提出了一种新的评价方法，旨在提高教师在课堂上的教学效果，从而推动学生的学习发展。[11]在当今信息化快速发展的背景下，通过改进评估工具、创新评估方式、优化评估管理、提高评估质量、扩大评估成果，实现对教育评估赋能。在大学数学教学中，利用丰富多样的信息化教育教学平台，多角度、多元化地将思政元素与案例有机融入，并以发展学生数学核心素养为目标，设计教学评价体系。此教学评价体系更加注重过程性和实时性，它涉及学生线上与线下学习、课内与课外教学活动，覆盖课前、课中、课后环节。结合信息化教育教学平台上的全程化的学习，教师可以不断完善系统自动评价、教师评价、小组互评等多样性的评价方式，实现学习数据实时查询、智能显示数据分析结果，充分发挥评价的学生发展反馈功能与学生发展激励功能。

六、不断强化教师的业务与道德素质，提升教师育人能力

教师应该更加关注学生的发展。在教学过程中，教师应根据学生的个性发展和成长需要，开展相应的教学活动。在教育过程中，教师扮演着重要的角色。他们不仅向学生传授数学知识，还在思想教育中扮演着立德树人的角色。因此，教师对学生的影响是全面的、多层次的。为了实现这一目标，国家需要不断加强教师的业务和道德素质，使他们能够与学生有效沟通和交流，建立良好的师生关系，并在智力和道德方面全面教育和指导学生。提高教师的专业能力和道德素质不仅在教育中起着积极作用，而且对学生的持续发展和进步也起到重要的作用。教师可以参与教学计划的制订与思想和管理方面的工作，不断改进教育方法，不断提升自身的学习能力，从而优化教学效果。

七、强化学生的自我学习与自我管理能力

高等教育面临着学习时间有限的挑战，因此增强学生独立学习和自我管理能力成为重要任务。农业院校的大学数学教学也是如此，数学课程的学习时间是短暂的，在这短暂的时间中如何让学生掌握科学且高效的学习方法、培养学生自我学习能力和自我管理能力，对于大学生的终身学习有

着关键性的影响。因此在短时间内，教师掌握科学有效的教学方法至关重要，从而培养学生的自学能力和自主性。为了实现这一目标，教师在教学过程中应充分激发学生的高阶思维能力，不断提高他们的自主学习能力，并采用多种教学方法来指导学生学习。此外，学生也应根据不同的细分情况进行合理的学习规划与实践培训，以确保自身能取得最大限度的进步，并获得更多的学习成就感。

第二章

课程思政教育理念与大学数学教学理念

第一节　课程思政教育理念

一、中国育人思想的历史沿革

党的十九大把培养担当民族复兴大任的时代新人和落实立德树人的根本任务作为重要职责，对教育工作作出了明确的要求和部署。立德树人，以育人为己任，这是具有中国特色的社会主义教育的时代课题。要正确认识教书与育人、知识传授与价值引领之间的关系，就必须先从教育思想的高度来进行审视和剖析。课程思政理念恰恰体现了中国传统教育思想。为此，下面将从中国教育史出发，来寻找课程思政理念的萌芽与历史沿革。

（一）夏商周时期，德育思想萌芽

夏商周时期以"德"作为核心的思想体系强调个人和社会的道德规范和行为准则，同时"德"也成为治理国家的重要因素。周公提出了一系列理念，如"敬德保民""以德配天""明德慎罚"，强调了德治的重要性。他认为国家的命运不在于天命，而在于得民心，而得民心的核心就是实行德治。因此，周公鼓励统治者"以德配天"。他的政治远见开辟了德治和德教思想的先河。

另外，在夏商周时期，正式的学校开始兴起并开展了道德教育。根据《孟子·滕文公上》的记载："夏曰校，殷曰序，周曰庠，学则三代共之，皆所以明人伦也。"学校分为大学和小学两个等级，大学教育内容包括礼、乐、射、御，同时也含有对《诗经》和《尚书》的学习；小学则以礼仪规范为主要教育内容。在这一时期，学校由官府管理，政教合一，这是当时学校道德教育的特点。

（二）春秋战国时期，教育思想百花齐放

春秋战国时期的教育理论对中国古代教育史有着重大贡献。春秋战国

时期出现的私学打破了"学在官府"的旧传统，学校从宫廷转移到民间，教育对象从贵族扩大到平民，文化知识能够传播到民间，教学内容与社会生活有更加广泛的联系。各个流派之间，既有竞争，又有互补，形成了百家争鸣的局面。这个时期各家各派大师辈出，孔子、墨子、孟子、荀子、韩非等都是其中的佼佼者。尤其是后来的儒学学者，在《中庸》及其他传世著作的帮助下，对当时的教育理念与实践进行了归纳，并对其功能、德育体系、德育的原则与方法、教师的地位等进行了论述。在中国古代，孔子的道德教育思想为道德教育提供了理论依据。[12]

以孔子为代表的儒家思想家不仅肯定了道德教育的意义，还将培养"德"与"才"作为教育的根本目标，并提出了教育的终极目标是为政治和国家服务。孔子非常注重德育的社会功能，强调德育对个人成长的推动，他主张治国不能仅仅依靠政令，也不能仅仅依靠法律，而是要以教育为指导来达到以德治国的目的[13]。"道之以政，齐之以刑，民免而无耻。道之以德，齐之以礼，有耻且格。"这一思想说明：教育不仅能让人们遵守礼仪，而且能让人们产生一种羞耻之心，从而产生一种道德信仰的力量，达到德治的目的。而其有教无类的思想又同时保证了这种道德教育是全民性、普遍性的。孔子所倡导的教育以培育"士"为宗旨，"士"以"君子"为准则。以"君子"为准则，即以"君子"为教育目标。他清楚地指出，要做一位君子，一要修己，持恭谦让之心，也就是具有"德"；二要有治理国家、治理人民的本领，也就是要有"才"。君子德才兼备，以德服人。[14]

以庄子为代表的道家思想家强调宁静淡泊、物我两忘的人生观和道法自然的价值观。道家的"顺天命""顺时"的理念要求我们不能故步自封，而应顺应时代的潮流、顺应社会的需求、顺应教育的发展规律进行教育的变革，这具有重要的现实意义。庄子的教育思想是：尊重人的本质，发掘人的优点，发展人的人格。庄子强调人性的本真，指出教育不能束缚、扭曲和破坏人的本性，而是要使人具有健全的人性。[15]

法家思想家商鞅提倡"耕战"，非议"诗书"，排斥"礼乐"，主张"燔诗书而明法令"，以官吏"为天下师"并"学读法令"，也就是焚毁文化教育载体、排斥道德思想教育、以严刑峻法管理国家。韩非发展了这些思想，提出了"明主之国，无书简之文，以法为教；无先王之语，以吏为师"（《韩非子·五蠹》），即教育完全由法律执行者进行，而教育的唯一内容是法制教育。法家认为人性趋利避害，应当通过"信赏必罚""厚赏重罚"来树立学子的价值观，使其走向统治阶级预定的轨道。法家思想剔除了学生的自我意识并否认礼仪教化对人的影响作用，具有一定的历史局限性。

（三）汉代，以孝德教育为德育核心

汉代以后，三纲五常的道德体系得以确立。汉代的德育内容主要是围绕改造人的精神面貌、塑造人格而进行的。汉朝以孝治国，以孝廉选官制度及儒家经典五经重点培养学子的孝悌意识。在汉代，孝道的内涵不仅有对父母的孝顺，还涉及了治国理政的方方面面。汉代统治者用孝道来治理国家，使国家治理得以准则化、正规化和法治化。汉朝是中国历史上非常重视孝道治国的封建王朝，孝德教育成为君主治国方略的一部分。自刘邦起，汉朝就开始强调孝道，后来孝道成为汉初辅助治国思想的一部分。后来，汉武帝独尊儒术，将"以孝治天下"正式确立为汉朝的治国方针和准则，后继的统治者们大体上延续了这一国策。孝德教育成为汉代德育思想的核心内容。

（四）魏晋南北朝时期，传统儒家思想再起

在中国文化发展的过程中，虽然出现了一些复杂的现象，但是儒家思想非但没有被打断，反而得到了长足的发展。随着玄学、道教兴盛，佛教传入并迅速发展，孔子的地位及其学说受到玄、佛、道的猛烈冲击，中国进入儒、玄、道、佛争鸣的时代。自魏晋以来，有一系列与传统的道德观念背道而驰的教育思想，比如向秀和郭象都提出了"独化"的学说，他们认为"物皆自然而然，更无所待"，全盘反对名教乃至教育本身；而嵇康则主张"以明堂为病舍，以讽诵为鬼语，以六经为芜秽，以仁义为臭腐"，主张摒弃任何教育的固定模式，"越名教而任自然"。

魏晋南北朝时期的学风与教育思想都或多或少地体现了一批知识分子对儒家思想的改革、发展与补充。他们不愿把儒学凝固化、教条化和神学化。[16]由于这个时期各民族文化、思想流派的大碰撞、大讨论以及统治者重塑大一统王朝的需要，教育理念上的思想合流逐渐到来。梁武帝提出

"三教同源"，建立官学、私学，使得统一融合的思想再次成为教育的主旋律，为随后隋唐时代的崇儒兴儒打下了基础。

（五）隋唐时期，科举制度诞生，多元思想兼容并包

隋唐时期首开科举，应试内容既有儒家经文，也有针砭时弊的策论。儒家修身、齐家、治国、平天下的思想深入人心，唐代统治者很好地将个人价值与社会价值统一，从而使得教育既能满足个人利益，又能满足国家的需要和社会的发展。唐代虽是儒释道三教并存，但始终以儒家思想为核心，其他各类思想兼容并包。隋唐时期，教育以科举为纽带，将教书育人与仕途通达联系在了一起，通过明经、明法、明算等考试科目，促进学子综合发展、全面发展。[17]

唐代早期便开始重视中国传统儒家、道家思想与当时国际上其他思想流派的交融，各种思想流派在首都长安定期举行辩论，思想的开放促进了文化的繁荣，使得当时的长安成为国际文化中心。唐太宗采纳了道家"简静""无为"的思想，并坚持"明德慎罚"的原则，认为以德治国胜于法禁。他致力于实现"安民立政"的目标。唐玄宗颁布了《求儒学诏》，鼓励人们阅读经典、学习礼制，以培养良好的道德品质。同时，唐代教育也推崇道家文化。唐玄宗亲自为老子的《道德经》作注，并颁布命令要求每个人家中都要有一本老子经典。[18]唐代通过普及《道德经》来实施全民教育，使老子的思想为人们熟知，不论老者还是儿童都能背诵领悟，士人和百姓都对老子的思想非常尊崇。这为国家奠定了坚实的精神文明基础，实现了长治久安和社会繁荣发展的目标。

（六）宋元时期，伦理道德教育强化

宋代，民间书院大规模兴起，这是这一时期教育体系最重要的进步。与官学不同，宋代书院大多由民间筹资兴办，教学目标不再仅仅以科举为导向，而是更加注重个人品德的培养。这形成了一种学术自由和师生相互磨砺的学术风气，教材、教学方法和教育目标都以儒家伦理道德的修身养性为核心。正如任宝海、任宝玲在《借鉴宋代道德教育得失 提高德育教育的实效性》一文中所提到的："'学为圣人'使学生自觉地将书院视为不断完善自我、实现个人终极理想的重要环境和平台。学生都能够充分表达自身的文化态度，学生有强烈的归属感和继承性。'知行合一'要求学生

时时省察自己的行动，择善从之。'将发之际'和'已发之后'进行反省和检察，使行动严格符合道德准则的要求，不断地提高、完善，塑造'圣人'的人格。"[19]这种教育理念在宋代书院得到广泛应用。

书院要求学生以儒家道德观为准绳严格约束自己的行为，而其严格的考核制度也对后世产生了深远影响。书院为了培养学生的品德，经常采用考试的方法，而考试的方式则主要是"簿记制"。宋朝的书院通常都有一本《道德》和一本《劝诫》，每一位斋主都会纠察众友的行为，并将其记录在案，在每个月一次的会议上，呈交院长，以示告诫。各大书院都很注重品德的考核，比如江西的白鹭洲书院就有一条规定，所有学生都要做好功课，每天做完的事情，都要记在本子上；每个学生都可以自由发挥自己的能力，只要每天努力，就不会忘记。书院以不定时抽签检查的方式，让学生时时刻刻自我约束，这既是对学生的一种监督，又是对学生品德的及时了解。[20]

在宋元两代，相比于官学，民间书院的招生条件更为宽松，但入学后的考核和管理则极其严格。[21]不论是官学还是私学，都非常重视德育教育，注重"先立人，后成才"的理念。在蒙学、私学、官学，乃至专科职业教育中，德育教育都是非常重要的教育内容。宋代教育体制贯彻了德育教育的立体化模式，将德育内容融入教学计划和培养目标的各个方面，无论是学程规制、校园设计、管理方法，还是教学规范、教育手段，都体现了伦理道德教育对人才培养的重要性。甚至教材的编写、教学方法和管理设置也具有针对性和衔接性。[22]

随着元代官府对书院加强管理和控制，书院的教学内容以及教职人员的任命，如教授、学正、学录等，都需要官府的批准。同时，私人所建的书院斋舍若捐赠官府，常可为主人谋取一官半职，即所谓"以学舍入官"[23]。这种现象逐渐冲击着书院，尤其是私人书院的运转，为明清时期主张经世致用的朝廷主导科举教育模式埋下了伏笔。

（七）明清时期，知行合一与经世致用的教育思想产生

明清时代的道德教育思想在知行观方面都强调"知行合一"，两者不能偏废。王夫之主张"君子之学，力行而已"[24]，也就是说道德教育必须在生活实践中进行，"知"和"行"是一个相互包含、相互渗透的动态过程。他不仅将"知"纳入现实生活当中，而且肯定"行"的重要作用。他

相信"知行合一"，二者有各自的作用，所以可以互相利用。明清教育思想家反对"平日袖手谈心性，临危一死报君王"的做法，提倡与实际生活密切相关的实学，主张世间万物、日用伦常、应事接物，皆可为学者所学，亦可为教者所教，使其在生活中体悟本心、体悟天理，进而以"心""理"指导生活与实践。[25]

随着知行合一理念与传统的儒家忠君爱国道德精神相结合，"天下兴亡，匹夫有责"成为明清时期经世致用教育思想的真实写照。明清教育致力于人才的培养，将四书五经等儒家经典与实用的数学、地理知识结合，既立足于现实生活又有所超越，强调培养经世致用的人才。黄宗羲特别重视仁义与事物的结合，强调"先天下之忧而忧，后天下之乐而乐"的社会责任感。[26]由于经世致用的理念，不少中了科考的人也都刻苦钻研各种实用的学问，这造就了明清科技人才的涌现。尽管明清时期的教育以儒学为主要内容、以八股文为主要特征、以科举为主要目标，但它对科学技术人才的培养仍具有积极意义。[27]

（八）民国时期，五育并举教育思想出现

1912 年初，当时的中华民国临时政府教育总长蔡元培发表《对于教育方针之意见》，主张军国民教育、实利主义教育、公民道德教育，之后又增加了世界观教育与美育，并在此基础上提出"五育并举"的教育政策，为我国的教育政策打下了坚实的理论基础。"五育并举"的教育方针是对中国传统哲学的传承与发扬。[28]

民国的教育政策包含德、智、体、美，这体现出民国政府重视人的全面发展，强调以德育为中心，致力于将人培养成为人格健全的公民，并以务实教育与军事教育来引导智育与体育，使之成为振兴民族经济、遏制军阀政治、维护国家主权的主要力量。[29]这个阶段，高校的人文课程既重视中国传统的文史哲的教学，又重视对中国传统学科文史哲的研究与发扬，并将其中的道德因素发掘出来。与此同时，高校也将音乐、美术、手工艺、农业等课程的重要性提升到了一个新的高度，重视审美与情感的培养，重视将课程的应用性、实践性与理论性相结合。可以看出，在这个阶段，我国高校的道德教育已经初见成效，道德环境也已经基本形成。[30]

其间，近代西方较为流行的"民主"和"科学"理念，开始在中国广泛传播，催生了新文化运动和五四运动。五四运动对传统道德落后一面的

批判推动了思想的解放，但与此同时也削弱和动摇了道德本身的权威性，学校教育面临着严峻的纪律松懈和秩序紊乱等问题。[31]

南京国民政府一建立，就宣告了"军政时期"的终结，进入了"训政期"，并且对各种学校进行了严密的管制与管理。以生活为主要目标的"教养"体系是国民党政府的一项重要教育方针，它是实行时间最长、执行最严格的一个教育管理体系，对民国时期的教育面貌产生了深远的影响。该理论源于美国教育家杜威，他提出的"生活是教育""社会是学校"和"从做中学"等教育理念，反映出一种注重实验、注重实践、注重行动的实用主义。[32]导师制也在民国时期实施过，但是由于导师制受限于国民政府的政治意图，在实施过程中缺乏各高校有效的配合，无法得到追求学术自由的高校的认同。1946 年 7 月，教育部决定废除施行了将近十年的高校导师制。[33]

（九）小结

通过对上述各阶段中国教育思想的梳理，我们可以看到中国传统教育思想的沿革和继承过程。教育理念在一定程度上影响着一个民族的性格，影响着一个国家的精神面貌，影响着国家的发展。中国传统教育思想的丰富积累为中国高校思政教学的定位与发展奠定了坚实的基础。中国自古以来的教育理念就是要注重自身的修炼、养成优良的品德，同时也要关注社会的发展和人民的疾苦，以求"穷则独善其身，达则兼济天下"。儒家、道家、佛家等各家思想融合渗透，并经过一代代学者的丰富和发展，逐步形成了中华民族的精神内核，并传承至今。

二、课程思政教育理念的形成

我们从中国教育思想的演变与传承中可以看出，注重对人的"德"方面的培育一直是中国教育思想的优良传统。它强调，要在知识学习的过程中融入道德教育，把关注社会发展、关心民生和服务政权作为评价人才的重要标准。中华人民共和国成立后，政府也非常注重对大学生进行政治和思想方面的教育。2016 年全国高校思想政治工作会议召开后，作为对学科德育理念的一种深化和拓展，课程思政被正式提出并得以迅速推广。高校思想政治工作是一种新型的教育管理方式。随着国家对思想政治教育的重要性和紧迫性的认识不断深入，以及教育生态的逐渐优化，关于政治与思想教育工作的提法相继过渡为"思想政治工作""德育、学科德育"，以及当前的"课程思政"。

（一）从"政治与思想教育"到"思想政治工作"

中国共产党从 1921 年成立至今，始终坚持用马克思主义的基本原理联系中国的实际，致力于思想政治教育的创新与发展，始终十分注重在意识形态上建设自己的政党。1949 年 12 月 30 日，在中华人民共和国成立之初的第一次教育大会上，当时的教育部副部长钱俊瑞同志明确指出，"新区学校安顿后的主要工作，是进行政治与思想教育""其主要目的乃是逐步地建立革命的人生观"。1952 年 3 月 18 日，由教育部发布的《中学暂行规程（草案）》及《小学暂行规程（草案）》都指出，要实施智育、德育、体育、美育等全面发展的教育。与此同时，政治与思想教育不仅仅要在中小学展开，更需要在高等院校深入开展。1955 年，时任教育部副部长刘子载谈到大学政治思想教育时曾说，对大学生进行政治思想教育，目标是要使他们有社会主义的意识，使他们有马列主义的世界观、有共产主义的品格。在高校中，政治理论课程是对学生进行经常性的、系统的政治思想教育的最基本的形式。1956 年，中国的农业、手工业和资本主义工商业基本完成了社会主义改造，由生产资料私有制变为社会主义公有制，从而实现了由新民主主义到社会主义的跨越。在之后的十年，我国普通高校中的政治理论课的课程设置和教学内容逐步从以新民主主义革命理论和政策为主，转向以社会主义革命和建设的理论和政策为主。毛泽东于 1957 年 2 月在《关于正确处理人民内部矛盾的问题》中提出我们的教育政策：受教育者应在德智体三个方面全面发展，以成为有社会主义觉悟、有文化的工人劳动者。《中共中央、国务院关于教育工作的指示》在 1958 年 9 月 19 日发布，其中指出："党的教育方针，是坚持教育为无产阶级政治服务，教育与生产劳动结合；为了实现这个方针，教育工作必须由党来领导。"

20 世纪 60 年代，"政治与思想教育"的称谓逐渐转变为"思想政治工作"。1964 年下发的《中共中央宣传部、高等教育部党组、教育部临时党组关于改进高等学校、中等学校政治理论课的意见》指出，用马列主义和毛泽东思想来武装青年，对他们进行无产阶级的教育，以培育坚强的革命接班人，这是学校政治理论课程的基本任务；要配合学校的一切思想政治工作，反对修正主义，与资产阶级争夺青年一代。此后，"思想政治工作"的说法一直沿用到改革开放初期。

（二）从"思想政治工作"到"德育、学科德育"

改革开放之后，教育部更加重视青少年思想政治教育，强调思想政治工作要多方协作，开始恢复和重建政治理论课程。1978年4月，《教育部办公厅关于加强高等学校马列主义理论教育的意见》提出："马列主义理论课与政治运动、形势教育、劳动教育、政治工作等，从不同角度对学生进行马列主义思想教育。各有侧重，不宜相互代替。"邓小平在1978年4月22日全国教育工作会议上的讲话中指出："培养人才有没有质量标准呢？有的。这就是毛泽东同志说的，应该使受教育者在德育、智育、体育几个方面都得到发展，成为有社会主义觉悟的有文化的劳动者。"1980年4月，教育部、共青团中央印发了《关于加强高等学校学生思想政治工作的意见》，其中指出，学校的思想政治工作要密切结合为"四化"培养人才这个中心，不能与教学、科研工作对立起来或割裂开来，"要正确理解政治工作在高等学校中的地位和作用，善于把思想教育结合教学、科研去进行，并切实解决学生在学习、生活中的一些实际问题"。1981年6月，在十一届六中全会上，《关于建国以来党的若干历史问题的决议》提出：我们要大力地研究马克思主义的理论，研究中国和世界的历史与现实，研究各种社会科学与自然科学的学科。要对思想政治工作进行强化和改进，用马克思主义世界观和共产主义道德来对人民和青年进行教育，"坚持德智体全面发展、又红又专、知识分子与工人农民相结合、脑力劳动与体力劳动相结合的教育方针"。

高校如何加强大学生的思想政治工作，是一个亟待解决、亟待突破的问题。1984年，中共中央宣传部、教育部联合印发了《关于加强和改进高等院校马列主义理论教育的若干规定》，其中明确指出："马列主义理论课和学校的日常思想政治工作是相辅相成、缺一不可的有机整体。"由此，我国高校"两课"的建设逐步走向了规范化，其中包括了马克思主义理论课程与思想品德课程。为了更好地贯彻十二届六中全会的精神，高校对在日常教育、教学活动中进行思想政治教育提出了新的要求。1987年，中共中央颁布了《关于改进和加强高等学校思想政治工作的决定》，其中就有"要将思想政治教育同专业教学相结合"的规定。要根据每一门学科的自身特点，对学生进行正确的引导，使他们对在校学习与日后工作之间的关系有一个正确的认识，同时要解决好为谁服务的问题。对于哲学社会科学和文学艺术课程，要始终坚持以马克思主义为指导，并将其与我国改革和建设的实际相结合，将思想政治教育融入教学过程之中。

对于自然科学类的授课，要着重介绍这门学科在我们国家的社会主义建设中所取得的成绩，以及目前需要解决的重要问题。《中共中央关于进一步加强和改进学校德育工作的若干意见》指出，各门学科与课程应该与德育有机结合，体现社会主义办学方向和全面发展的指导思想。1995年，《中国普通高等学校德育大纲（试行）》进一步明确了各学科的道德教育作用，将道德教育与教育的内容和环节结合起来。党中央也注重在各学科和课程中渗透思想政治教育。《关于适应新形势进一步加强和改进中小学德育工作的意见》强调将德育融入各学科的教学中。2004年，《关于进一步加强和改进大学生思想政治教育的意见》系统论述了"学科德育"的概念，并要求将思想政治教育融入学生的专业学习中。为贯彻落实相关精神，2005年中共中央宣传部、教育部发布了《关于进一步加强和改进高等学校思想政治理论课的意见》。

当前形势对我国高校毕业生的就业状况提出了更高的要求。教师引导学生正确理解自己的历史任务，使其成为中国特色社会主义事业全面发展的建设者和接班人，对于我国社会主义建设具有重要的现实意义。国家希望学科德育和思想政治教育的有效融合可以使学生在学习自然科学知识的同时，增强思想道德修养，提升政治觉悟，为国家的发展作出积极贡献。

（三）从"德育、学科德育"到"课程思政"

进入21世纪以来，我国社会加快发展，大学生在智力水平、知识基础、能力水平和个性特征等方面呈现出新的特点，这对与时俱进、富有创新性地开展思想政治教育工作提出了更高要求。2010年7月，教育部发布了《国家中长期教育改革和发展规划纲要（2010—2020年）》，将教育方针确定为育人为本，将德育为先作为重要战略思想，提出要将道德教育贯穿于教育教学的每一个环节，提高道德教育的针对性、有效性，并在此基础上提出了新的要求。"学科德育"的概念在2004年被提出来之后，《中共中央宣传部　教育部关于进一步加强高等学校思想政治理论课教师队伍建设的意见》在2008年颁布实施，其中明确指出，要努力改善高校思想政治理论课的教育与教学手段，用生动的事例、新颖的形式、活跃的课堂氛围，激发学生的思维，提高教学实效。习近平总书记于 2014 年 12 月 29 日在第 23 次全国高校党的建设工作会议上强调："办好中国特色社会主义大学，要坚持立德树人，把培育和践行社会主义核心价值观融入教书育人全过程。""学科德育"经过几年的实践，已收到较好的成效，对立德树人起到了积极的促进作用。在大学的教育教学实践中，高等院校更多地认识到如何充分发挥各学科的育人作用和主讲教师的主动性。如何将知识传授与价值引领有机融合、构建显性教育和隐性教育相结合的课程体系、挖掘各类课程的思想政治教育资源成为摆在高等学校面前的问题。

习近平总书记于 2016 年 12 月 7 日至 8 日在北京举行的全国高校思想政治工作会议上指出："高校思想政治工作关系高校培养什么样的人、如何培养人以及为谁培养人这个根本问题。要坚持把立德树人作为中心环节，把思想政治工作贯穿教育教学的全过程，实现全程育人、全方位育人，努力开创我国高等教育事业发展新局面。"2017 年 9 月，中共中央办公厅、国务院办公厅印发《关于深化教育体制机制改革的意见》，明确提出要建立完善的立德树人体系实施机制，促进学生全面发展，完善"全员育人、全过程育人、全方位育人的体制机制"，充分挖掘各门课程中的德育内涵，强化德育课程、思政课程。2017 年 10 月，党的十九大报告指出要全面贯彻党的教育方针，落实立德树人根本任务，发展素质教育，推进教育公平，培养德智体美全面发展的社会主义建设者和接班人。《高校思想政治工作质量提升工程实施纲要》（以下简称《实施纲要》）是由教育部党组于 2017 年 12 月发布的一项重要文件，其中提出要建立一套以培养学生的素质为核心的课程育人质量提升体系。积极推进以课程思政为目标的课堂教学改革，对课程设置进行优化，对专业教材进行修订，对教学设计进行完善，对教学管理进行强化，对每一门专业课所具有的思想政治教育功能进行梳理，把每一门专业课中所包含的思想政治教育元素融入到课堂教学的各个环节中，使思想政治教育和知识体系教育达到有机的统一。《实施纲要》提出了在大学中推行课程思政的指导思想，并提出了切入点。2018 年 3 月，时任教育部部长陈宝生在讲话中提出要在教师思政、课程思政、网络思政等方面攻克思政课发展中存在的难题。其中，课程思政是一块"硬骨头"，是需要进一步解决的重大问题。2018 年 9 月 10 日，习近平总书记在北京举行的全国教育大会上强调："办好人民满意的教育，必须系统回答和解决'培养什么人、怎样培养人、为谁培养人'这一根本问题。""我们的教育必须把培养社会主义建设者和接班人作为根本任务。"教育部在 2020 年 5 月 28 日发布的《高等学校课程思政建设指导纲要》中明确提出，在人才培养过程中，把思想政治教育贯穿其中，全面推进高校课程思政建设，发挥每门课程的育人作用，提高高校人才培养质量，让所有高校、所有教师、所有课程都承担好育人责任，"守好一段渠、种好责任田，使各类课程与思想政治理论课同向同行"，将显性教育与隐性教育相统一，形成协同效应，构建"全员、全程、全方位"育人大格局。

第二节　大学数学教学理念

一、数学教学的发展概述

21 世纪是以创造、创新和创业为主要特征的世纪，在这一时期，知识经济已经成为时代的主流。知识经济时代的来临既给当前的教育带来了巨大的挑战，又给未来的教育带来了深刻的变化。要使我国的科学技术、经济得到较快的发展，要使我国在面对日益激烈的国际市场竞争时能够更好地发挥自身的优势，要使我国的科技水平提高，大学就要培养高素质人才。数学教育是培养人的科学思维能力的一种训练，数学教育的质量将决定大学整体教育的质量。因此，大学数学教育也必须满足社会快速发展的需要，其教育理念、价值及内容也需要与时俱进地改革。

（一）数学与数学教学的发展历史

每一门科学都有自己的发展历史，数学科学的发展历史尤为悠久，它更多地属于积累性科学，其概念和方法更加具有延续性与一致性。例如，十进制计数和四项算术定律是在古代文明中形成的，至今仍在使用。再比如费马猜想和哥德巴赫猜想，这些都是当代数论学界的热门话题。美国著名的数学史家克莱因曾说："一个时代的总的特征在很大程度上与这个时代的数学活动密切相关。"这种关系在我们这个时代尤为明显。数学不仅是一种方法、一门艺术或一种语言，它更是一个有着丰富内容的知识体系，其内容对自然科学家、社会科学家、哲学家、逻辑学家和艺术家十分有用，同时影响着政治家和神学家的学说。数学对人们的生活、思维产生了深远的影响，它既是人类文明发展史上的一个重要部分，也是近代文明的一支重要力量。

数学在一般人眼中可能是一门枯燥无味的学科，数学课也往往会给人一种错觉，即数学是一门让学生感到困惑和无法理解的学科。除非数学教学过程中包含数学史和数学应用的内容，能让学生通过探索和实践来感受数学的美感，才能引发学生对数学的兴趣，帮助他们理解和掌握数学的概念、方法和原则。

1. 东方数学发展史

在漫长的历史长河中，东方数学创造了特有的辉煌。世界上一部分最古老且珍贵的数学成果在中国、印度和阿拉伯等地区被孕育。这些东方文明中的数学珍宝展示了人类智慧的光辉。中国是数学发展的重要起源地之一，也是东方的数学研究中心。古人的智慧不容小觑，从结绳记事到"书契"，再到记写数字，无一不闪耀着古人的智慧之光。殷商甲骨文中有 13 个记数单字，包括十、百、千、万等，可记十万以内的任何数字，十进位制的思想开始萌芽。后来，古人逐渐意识到仅仅记录数字不能满足生产与生活的需要，于是产生了对数字的运算——加法与乘法。战国时期出现了四则运算，《荀子》《管子》《逸周书》中都有相关记载。3 世纪的《孙子算经》较为详细地描述了乘除运算，并记录了筹的出现，可谓中国数学史上的一座里程碑。《孙子算经》中也记载了勾股定理的具体算法。[34]

《九章算术》一书把中国的数学推向了一个新的高度，是中国历史上第一部关于算术的论著，也是"算经十书"的主要论著。它涵盖了代数和几何等多个领域的问题解法，为后世数学研究奠定了基础。在隋唐时期，《九章算术》传入朝鲜、日本等国。《九章算术》最早提出负数的概念，远远领先于其他国家的数学著作。除了《九章算术》，中国还有其他许多数学典籍，如《周髀算经》和《海岛算经》。这些著作中不仅包含了精妙的代数方程解法，还有关于平面几何和数论的重要内容。中国古代数学家们的努力为数学的发展提供了坚实的基础。然而，在宋代晚期至清代初期，中国数学因战乱等诸多因素而陷入了衰落。在此期间，西方的数学得以迅速发展。16 世纪前后，西方数学被引入中国，中西方数学开始有了交流。

古代印度也对数学作出了重要的贡献，为数学开启了新世界的大门。公元前 8 世纪至公元前 2 世纪成书的《绳法经》是印度最早的数学著作之一，其中包含了计算平方根和解三角形的方法。这些方法的提出丰富了数学的"工具箱"，为实际问题的解决提供了便利。5 世纪至 6 世纪的数学家阿耶尔巴塔进一步推动了印度数学的发展。他提出了数字系统中的零的概念，并对无理数进行了研究。这些观念的提出为今后数学的发展奠定了坚实的基础。阿拉伯地处东方和西方的交界处，在中世纪的数学传播中起着举足轻重的作用。阿拉伯数学家从印度和希腊等地的文献中吸收了许多数学知识，并进行了进一步的发展。9 世纪的穆罕默德·阿尔·花剌子模被认为是推动阿拉伯数学发展的重要人物。他提出了解二次方程的方法，并对三角学和几何学作出了贡献。该研究结果进一步丰富和完善了数学的理论体系，并对工程实践具有重要的指导意义。

2. 西方数学发展史

古希腊是四大文明古国之一，其数学成就在当时可谓卓越非凡。在数学发展方面，学派成了当时的主流，而不同的学派在不同的领域作出了突出贡献，对世界产生了深远的影响。最早的数学流派包括米利都学派、泰勒斯学派、毕达哥拉斯学派和埃利亚学派。

在雅典，柏拉图学派是一个重要的数学派别，其代表人物是柏拉图。柏拉图推崇几何学，并且培养出了许多优秀的学生，其中最为著名的是亚里士多德。亚里士多德在数学方面的成就丝毫不逊色于他的导师。他在雅典建立了一个吕克昂学院，即所谓的"无拘无束"学院。马克思曾经将亚里士多德称为"最有学问的古希腊哲学家"，恩格斯也把他称为"古代黑格尔"。作为形式逻辑的开创者，亚里士多德试图将思维方式与存在相结合，将逻辑性的范畴与客观性结合在一起。

欧几里得于公元前 300 年左右撰写了《几何原本》，这本书被认为是欧式几何的奠基之作。欧几里得采用了一种公理化的方式写作，这种方式几千年来被认为是一种严谨的思考方式。因此，《几何原本》被认为是数学史上最重要的著作之一。这本书对哥白尼、伽利略、笛卡尔、牛顿和其他著名数学家产生了深远的影响。

8 世纪时，阿拉伯数学兴起，到 15 世纪逐渐衰落。在这段时期内，阿拉伯数学取得了一些重要成就，例如解一次方程、几何解三次方程以及二次曲线展开式的系数计算等。同时，负数甚至虚数开始得到应有的地位，三角学也作为一门学科出现。

到了 16 世纪，大部分数学学科都取得了具体的进展，且将有更加宏大的发展。到了 17 世纪，数学的发展出现了质的飞跃。代数在几何上的运用使得笛卡尔的解析几何变得更加完善，帕斯卡推动了射影几何的发展。小数和对数的应用改善了计算方法，费马等人开始研究数论和概率论。古代的极限和微分割方法被引入几何学中，对微积分的发明作出了贡献。牛顿和莱布尼茨分别创立了微积分，数学开始以变量为主要研究对象，形成了我们现在熟知的"高等数学"。

（二）数学发展史与数学教学的融合

数学的发展史与数学教学的融合一直是一项细致、深入、有条理的工作。数学的发展在不同的文化和历史背景下有不同的特点。在古代，数学在东方主要服务于农业；而在西方，数学的发展则得益于商业的繁荣。

在计算方面，不同地区采用了不同的计数系统。[35]例如，中国采用了算筹（筹码计算），而西方使用了字母计数法。希腊的字母计数法简洁、方便，并蕴含了序列的思想。然而，它在实用算术和代数方面相对滞后，而中国的算筹在这一方面则占得了先机。随着时代的进步，这些计数系统的局限性也开始显现。

数学的发展与民族的兴衰密不可分。我国是农业大国，数学基本上是为农业服务的，《九章算术》所记录的问题大多与农业相关。中国古代学习算术的多为政府官员，而数学的发展与国家的经济状况和发展需要有关。在西方，数学文化一直处于主导地位，商业的发展推动了数学的进步。

将数学发展史与数学教学融合是一项复杂的任务。它不仅仅是将数学史的故事或例子放在教学内容中，而是要使二者在思想和观念上保持一致。通过学习和研究数学史，我们可以在思想和精神上得到启发。数学的发展历史既反映了数学文化的丰富内涵、深刻思想和独特特点，又有助于培养学生的思维方式、方法和逻辑规律的意识。

第一，从历史的角度来看，数学史教学可以帮助学生树立正确的数学观。数学观经历了从远古的"经验论"到欧几里得的"演绎论"，再到现代的"拟经验论"（它被认为是"经验论""演绎论"相结合的一种理论）的认识转变过程；从柏拉图学派的"客观唯心主义"，到数学基础学派的"绝对主义"，再到拉卡托斯的"可误主义""拟经验主义"以及后来的"社会建构主义"，这些都是数学在历史上经历过的。因此，在数学教学中，教师不能只关注个别的、分散的、孤立的学科，而是要进行整个的、系统的数学教学。数学教师所持的数学观与其数学教学的设计理念、课堂讲授的叙述法以及对学生的评价等因素息息相关。在数学教学中，教师所传达出的每一个细微的信息都可能深刻地影响到学生对数学的理解与运用。教师的数学观对学生的数学观有很大的影响。

第二，学生了解数学史有助于全面理解数学的发展脉络。由于教材编写的限制，教材通常按照定义、定理和例题的模式来写。这种模式会使学生产生一种误解：数学的结构已经完全被确定下来，没有发展的空间。然而，通过学习数学史，学生可以了解数学家的创造过程，了解数学发展的历史进程，从整体上把握数学概念、方法和思想的发展。这有助于学生理解所学知识在整个数学体系中的地位和作用，帮助他们建立知识网络、构建科学的体系。

第三，学生通过学习和研究数学史，可以增强对数学的兴趣。兴趣是推动学生积极主动学习的动力，对学生学习的积极性起着决定性作用。如果教师能向学生介绍一些数学家的趣闻逸事或者有趣的数学现象，无疑会激发学生学习数学的浓厚兴趣。例如，学生可以了解到阿基米德倾注全部精力研究数学问题，甚至对死神的到来置若罔闻，只希望完成未解完的问题后再被杀害。教师还可以告诉学生倍立方问题的神话故事起源：只有建造一个边长是给定祭坛边长两倍的立方祭坛，太阳神阿波罗才会停止发怒。这些数学史素材的引入将使学生认识到数学并非沉闷、呆板的学科，而是充满活力、乐趣的学科。

第四，数学史对学生思维的发展有一定的促进作用。数学史在数学教育中还有更高的应用，即培养学生的数学思维。"让学生学会像数学家那样思考，是数学教育所要达到的目的之一。"数学历来被认为是一门有益于培养人思考能力的学科，而数学史又为这一学科提供了大量的素材。例如，我们已知的毕氏定理证明方法有370多种，其中一些证明方法简明扼要，令人一目了然；另外一些证明方法则迂回曲折，让人颇费心思。任何一种"证"都不失为培养思维的一种行之有效的方法。例如，关于球体的计算，除了我国南北朝时期的数学家祖冲之提出的剖分法，还包括阿基米德提出的机械方法和旋转体近似方法，以及开普勒提出的角锥求和方法等。这些历史事实的引入对于拓宽学生的视野、培养学生的综合思考能力具有十分重要的意义。

第五，数学史教学对培养学生的数学创造力具有重要意义。要想成为合格的人才，必须具有良好的数学素质。日本知名的数学教育家米山国藏曾经说过，学生在学校里学到的数学知识，到了社会上，能用到的机会寥寥无几，往往一年半载就被忘得一干二净。但无论他们从事何种工作，那些深深铭刻在他们脑海中的数学精神、思维方法、研究方法、推理方法、看问题的着眼点等无时无刻不在发挥作用，使其受用终身。

二、弗赖登塔尔的数学教育理念[36]

弗赖登塔尔（1905—1990 年）是荷兰数学家、数学教育家，在 20 世纪 50 年代末出版了一系列教育论著，在世界范围内有很大的影响力。虽历经半个多世纪的历史洗礼，但弗赖登塔尔的教育思想在今天依然熠熠生辉、历久弥新。

（一）弗赖登塔尔的数学教育思想

弗赖登塔尔的数学观是其数学教育观的重要组成部分。他认为，数学教育要面向社会，要与生活相结合，要重视对学生从客观现象中找出数学问题的能力的培养；运用创新的教学方式，反对灌输、死记硬背；提倡讨论式和指导式相结合的教学方式，摒弃了传统的授课方式。他主张，数学教学的目标要与时代同步，要根据学生的实际情况而定；在数学教学中，要遵循再创造原则、数学化原则、严谨原则。

1. 弗赖登塔尔对数学的认识

第一，从数学发展史的角度来看。弗赖登塔尔强调数学源于实际，而如今，它的用途更胜从前。但事实上，只实践是不够的，如果没有用处，那就没有数学。从他的论著中我们可以看出，任何一种数学理论的出现，必然伴随着它的应用需求，而这种应用需求又是数学发展的动力。弗赖登塔尔强调数学是与生活相结合的，这就意味着在数学的教学中，要从学生所熟知的数学情境和他们所感兴趣的东西开始，只有这样学生才能对数学有更深的了解，同时也要让学生学以致用，运用数学去解决一些具体的问题。[37]

第二，从现代数学的特征来看。首先，在数学的表达方面，弗赖登塔尔在谈到现代数学时，首先指出了数学的现代化特征是"数学表达的再创造和形式化的活动"。事实上，数学和符号表示是密不可分的。数学深刻且精简地刻画自然科学内在规律，同时还能表达思想。它通常是一种概念，其含义较为抽象且非常广泛，因此需要一种精确和简洁的符号来表达。其次，从符号表示有助于构建数学概念的角度来看，弗赖登塔尔认为，数学概念的构造是典型的以"延展式抽象"实现"公理化抽象"。构建数学概念，就是以"延展式抽象"为代表的。现代数学之所以向公理化发展，是因为"公理化抽象"是一种对事物本质的分析与归类，它能够使人们对它的认识更加清晰，也更加深刻。最后，从数学和经典学科的边界来看，弗赖登塔尔表示，近代数学的一个特征，就是它和所有经典学科的界限不清。近代数学从经典科学中提炼出公理理论，使之贯穿于数学的全过程；同时，在很多看似不相干的领域里，都能看到数学的影子。

2. 弗赖登塔尔对数学教育的认识

第一，是关于数学教学目标的问题。弗赖登塔尔以数学教育的目标为中心，对其进行了深入的探索，并提出了"以人为本"的思想。他对数学的应用、思维的培养、问题的解决都有很深入的研究。首先，弗赖登塔尔提出了一种将数学和实际相结合的方法：在教学过程中应注重与实际生活相结合，使学生更好地融入社会并将所学知识应用于实际生活中。从目前电脑课的受欢迎程度来看，弗赖登塔尔的这种看法经受了事实的检验。其次，就思想培养而言，对于"数学是不是思想培养"这个难题，弗赖登塔尔给出了肯定的答案。他曾经向中学生和大学生问了很多的数学问题，经过测试，他发现经过数学教育之后，学生对数学问题的看法、理解和回答都有很大的进步。最后，弗赖登塔尔还指出，在解决问题的过程中，数学可以获得很高的声誉，这是因为它可以解决很多问题，这是一种对数学的信赖。当然，解决问题也是数学教学的另一个目标，这是一个将实践和理论有机结合在一起的过程。[38]

第二，是关于数学教育的一个重要方面。再创造原则、数学化原则、严谨原则是数学教学的基本原则。弗赖登塔尔曾说过,把数学当作一项活动加以阐释与分析并以此为基础的教育方式,就是他所称的"再造方式"。在数学教学中,"再创造"是一种最根本的理念,它可以被应用到每一个阶段,并在每一个阶段都能发挥积极的作用。笔者认为,情境教学、案例教学、问题驱动和启发性教学都是在"重新创作"的基础上进行的。弗赖登塔尔还提出,不仅数学家要思考数学化,学生也应当理解和掌握数学化,以数学化来组织数学教学是数学教育的发展方向。他还指出数学离不开数学化,尤其离不开公理化和形式化。在此,我们可以看到,弗赖登塔尔对于夸美纽斯所提倡的"教学最佳方式是示范,学习最佳方式是实践"的观点有一致的看法。弗赖登塔尔将数学的严谨性定义为:"只有数学可以强加上一个有力的演绎结构,由此可以确定结果是否正确,或是结果能否找到。"严谨性是根据具体的时代、具体的问题来判断的,严谨性具有不同的层次,每个问题都有相应的严谨性层次。在教学中教师应通过不同层次的教学让学生理解严谨性,然后学生在之后的学习和体会中逐步习得这种特性。

(二)弗赖登塔尔数学教育思想的现实意义

弗赖登塔尔教育思想的各种核心理念在其教育论著中均有深刻阐述,这些教育思想对于当今的教育和教学仍然具有现实意义。身处高校一线的数学教育工作者应当深刻领悟弗赖登塔尔的教育思想,并细细品味咀嚼,从中汲取丰富的思想养分,获得教学启示,并在自身的教育工作中积极践行。

1. 数学化思想的内涵及其现实意义

弗赖登塔尔提出了数学化的思想,他认为:"……没有数学化就没有数学,没有公理化就没有公理系统,没有形式化也就没有形式体系。"因此,我们必须将数学进行数学化。弗赖登塔尔关于数学化的理论始终是一种影响数学家思考和行动的杰出教育理念,它对世界各地的数学家和教育工作者都有着极为深远的影响。

什么是数学化呢?弗赖登塔尔认为,广义上的数学化就是人对真实世界进行数学分析,即对特定的现象进行分析,并将其归类、组织起来的过程。在此基础上,他提出了数学化的概念。与此同时,他还将数学化划分为横向数学化和纵向数学化两种类型。横向数学化是将生活中的世界具象化的过程，即"现实情境—抽象建模——一般化—形式化"。当今的教育模式基本上都是按照这四个步骤来进行的。纵向数学化指的是在横向数学化之后，将数学问题转化为抽象的数学概念与数学方法，形成一个公理体系与形式体系，从而让数学知识体系变得更加系统和完善。

目前，一些教师可能对教育概念的理解存在偏差，他们通常只关注数学的结果，即所谓的形式化阶段，而忽略了数学过程本身的重要性。然而，这种做法会导致学生在短时间内忘记掌握的数学知识。弗赖登塔尔批评这种方法违背了教育的规律。因此，在数学教育中，教师不仅应该向学生传授已有的数学成果，还应该引导学生自主发现、探索和建构知识。就像美国心理学家戴维斯所说，学生应该像数学家从事科研工作一样学习数学，这样他们成功的概率就会更大。许多数学家也提出了类似的观点。笛卡尔和莱布尼茨指出知识不仅仅来自纯粹的理性或纯粹的经验，而是理性与经验的相互作用。康德也说："没有经验的概念是空洞的，没有概念的经验是不能构成知识的。"

数学化方式使学生的数学知识源自现实世界，也使之更容易在现实中被触发和激活。通过数学化过程，学生可以经历从生活世界到符号化、形式化的完整转化过程，积累丰富的"做数学"的经验，并获得知识、问题解决策略以及教学价值观等多方面的成果。更重要的是，数学化对学生的综合发展具有重要意义。从长远来看，为了让学生适应竞争激烈的现代社会、使数学成为他们人生发展的有用工具，数学教育应该培养学生的数学观念和意识。学生通过参与数学化活动，可以发展数学思维方式，培养解决问题的能力与对事物本质和规律的探索精神，这将对他们的一生产生积极影响，并在日常生活和工作中随时发挥作用。[39]

著名数学教育家张奠宙先生曾举过一例，一位中学毕业生在上海和平饭店做电工时，通过空调效果的差异，发现地下室到10楼的一根电线与众不同，现需测电阻。他通过观察、比较与分析，最终用三元一次方程组计算出了结果。他之所以能够解决问题，不仅仅是因为曾经做过类似的数学题，而是他具备了数学的意识和思维能力。在现实生活中，有了数学的观念和意识，人们总会试图将复杂问题转化为简单问题，并揭示出问题的本质和规律，从而找到经济高效的解决方法，以提高工作效率和生活品质。

美国数学家波利亚曾说过，我们认识数学的最好方式是观察它的应用，在它的发展过程中去了解它，或者通过自己的努力去学习它。通过参与数学化活动，学生可以亲身体验知识形成的整个过程。在这个过程中，他们可以自主猜测、分析、选择、比较，获得解决问题的满足感以及在挫折和失败中成长的体验。在参与数学化的活动时，学生不仅获得了数学知识，还取得了数学史、数学审美标准、元认知监控和反思调节等多个方面的收获。这不仅有利于学生认识数学的价值，还有助于提升他们的学习动力，增强其运用数学的意识和能力。

因此，数学教育应该采用数学化的方法，让学生亲身经历知识的形成过程。通过这一过程，学生能够在认知中牢固地建立起所获得的知识结构，并能够灵活地将所学知识应用于其他领域。

2. 数学现实思想的内涵及其现实意义

数学现实思想是指在数学教学中，将学生的日常生活经验与已有的数学知识相结合，创设情境，以提升教学效果。弗赖登塔尔在他的教育论著中多次强调了这种观点。他认为教学应该在数学与学生的亲身经历之间建立联系，并指出只有将数学与现实结合起来，让学生理解如何在现实中提出问题、解决问题以及如何在实际中更好地运用所学知识，才能使学生真正理解和掌握数学。

根据弗赖登塔尔关于数学现实思想的观点，每个学习者都有自己的数学现实，即在客观世界中所遇到的规则，以及与之相对应的数学知识构建。这个概念不仅包括客观现实情况，还包括学生通过观察客观世界而获得的数学知识。教师的任务是认识和拓展学生的数学现实。这个理念使教师意识到情境创设的真正目的和其在教学中的重要性。因此，教师要想有效地开展教学，就必须了解学生的数学现实，教学设计必须与学生的数学现实相符，过高或过低的教学设计都不会取得好的教学效果。

此外，现实情境的模糊性和新知识的联系的隐蔽性有利于学生进行数学化的活动，促使学生自主尝试、自主决策并逐步形成正确的数学意识和观念，这是学生进行意义建构的基本要求。美国教育心理学家奥苏贝尔曾经说过，如果一定要用一条原则来概括教育心理学的知识，那就是：影响学习的最主要的因素，就是学习者所知道的东西。这句话正好说明了数学现实对于教育的重要性。

3. 有指导的再创造思想的内涵及其现实意义

第一，有指导的再创造中"再"的意义及启示。弗赖登塔尔提倡引导式的再创作，也就是要给学生一个自由创作的空间，将教师在课堂上传授的知识和思想转化为学生自己创造和感受的东西。弗赖登塔尔相信，这样是最自然也是最有效的方式。这种建立在数学现实之上的创造性学习过程，就是使学生在数学学习中不断重复某些历史上的创新的过程。但它并非亦步亦趋地沿着数学史的发展轨迹，让学生在黑暗中慢慢地摸索前行，而是通过教师的指导，让学生绕开历史上数学家前辈曾经陷入的僵局与困境、避免走前人的弯路，根据学生现有的思维水平，使其沿着一条改良修正的道路快速前进。因此，"再创造"不是让学生简单重复当年的真实经过，而是参考数学史的发展轨迹，结合教材内容以及学生的认知现实，进行数学发现路径的重建或重构。正如弗赖登塔尔所说："数学家从不按照他们发现、创造数学的真实过程来介绍他们的工作。实际上，对于经过艰苦曲折的思维推理获得的结论，他们常常以'显而易见'或'容易看出'轻描淡写一笔带过；而教科书则做得更彻底，往往把表达的思维过程与实际创造的进程完全颠倒，因而完全阻塞了'再创造的通道'。"

不难发现，教师由于课时紧、自身水平有限、工作负担重等原因，大多喜欢用开门见山、直奔主题的方式来进行教学，按"讲解定义—分析要点—典例示范—布置作业"的套路教学，学生则按"认真听讲—记忆要点—模仿题型—练习强化"的方式日复一日地学习。这样做，学生将失去亲身体验知识形成的探索与发现机会，失去对问题的分析、比较机会，失去解决问题时自主选择与评判的机会，失去提炼反思的机会。实际上，了解一个数学家真正的思考过程对于培养一个学生的数学能力是非常重要的。杜威曾经说过，一个学生如果不能计划好自己的解题方式、找到自己的道路，那么他将无法学习到任何东西，即便他能够背诵出部分正确的答案，哪怕百分百正确，也于事无补。张乃达先生说："人们不是常说，要学好学问，首先就要学做人嘛？在学习数学中，怎样学习做人？学做什么样的人？就是要学做数学家！我们应该从一个数学家身上学到一些东西。想要成为一个真正的数学家，就必须有一双眼睛！只有在'做数学'的过程中才能学会。"

再创造教育方法是德·摩根倡导的。例如，教师讲授代数，不能一口气将所有新的符号都讲出来，而是要让学生按照原作的写法，按完整写法到简化法的次序来学习。庞加莱认为数学课程的内容应完全按照数学史上同样内容的发展顺序展现给学生，教育工作者的任务就是让学生的思维经历其祖先之所经历，迅速通过某些阶段而不跳过任何阶段。

第二，有指导的再创造中"有指导"的内涵及现实意义。在有指导的再创造中，"有指导"的内涵是指教师在学生的学习过程中提供必要的引导和指导。弗赖登塔尔认为学生在进行数学探究活动时，常常处于结论未知和方向不明的状态。如果完全放任学生自由探究而不加干预，学生的活动可能会变得盲目、低效或无效。这就好像让一个盲人独自摸索到陌生的地方，他或她可能会花费大量时间并遭遇许多困难，最终也许能到达目的地，但更有可能一无所获。教师作为一个具有知识视野的人，应该始终站在学生的身后，给予必要的帮助。当学生遇到困难时，教师可以引导他们；当学生走错方向时，教师可以纠正并指引他们走向正确的道路。这就是"有指导"的意义。

另外，数学的精细化定义并不是通过学生自己进行数学活动就能自动生成的。事实上，数学的许多定义是经过几百年甚至几千年的时间，通过数代数学家的传承、批判、修正和完善逐步形成的。想让学生上了几节课就能自己生成形式化概念是不可能的。因此，学生的数学学习主要是一种文化传承的行为。

弗赖登塔尔强调有指导的再创造意味着在创造的自由和指导的约束之间，以及在学生寻求乐趣和满足教师要求之间达到微妙的平衡。然而，目前教学中存在一种不良现象，即将学生在学习活动中的主体地位与教师的必要指导对立起来，这与弗赖登塔尔的教育思想相悖。当然，教师的指导最能体现其教学智慧，教师应该何时、何处以及如何介入学生的思维活动呢？一方面，关于如何指导，在数学活动中，启发学生最好的方式是使用元认知提示语。教师应根据探究目标的隐蔽性强弱、知识目标与学生认知结构之间潜在距离的远近，设计含有明示或暗示的元认知问题。优秀的教师必须善于运用元认知提示语。另一方面，关于何时指导，当学生处于思维困惑状态时，应给予他们充分的时间和空间，让他们经历曲折的探索过程。如果教师过早干预，学生虽然学得快，但会遗忘得更快。教师应在学生想解决问题却找不到答案、思维偏离正确方向时进行适度的指导，这样既能让学生在挫折中体会数学思维的特点和方法的魅力，又能激发师生的主观能动性，使教学达到理想效果。

三、建构主义的数学教育理念[40]

近年来，在教育心理学领域出现了一种新的变革，人们对这一变革有不同的称呼，但是人们普遍认为这一变革是一种建构主义学习理论。20 世纪 90 年代以后，西方国家兴起了一种新的、有组织的、有纪律的学习理论。在此基础上，教育工作者提出了一种新的心理分析方法，并对其进行了深入的研究。

（一）建构主义理论

建构主义理论是在皮亚杰（Jean Piaget）的发生认识论、维果茨基（Lev S. Vygotsky）的文化历史发展理论和布鲁纳（Jerome Seymour Bruner）的认知结构理论的基础上逐渐发展成熟的一种新理论。皮亚杰认为，知识的建构是个体通过与环境的互动逐渐形成的。在研究儿童的认知结构发展时，他提出了几个重要的概念：同化、顺应和平衡。同化是指当个体接收到外部环境的刺激时，利用已有的认知框架来理解新的信息，从而达到暂时的平衡状态；如果现有的认知框架无法同化新的知识，个体将通过主动修改或重新构建新的框架来适应环境，实现新的平衡，即顺应。个体的认知在"旧的平衡—打破平衡—新的平衡"的循环中不断发展和升级。基于皮亚杰的理论，其他专家和学者从不同角度对建构主义进行了进一步研究和阐述。科恩伯格（Kornberg）进一步研究了认知结构的性质和发展条件；斯滕伯格（R. J. Sternberg）和卡茨（D. Katz）等人强调了个体主动性的关键作用，并探索了在建构认知结构过程中如何发挥个体主动性的作用；维果茨基则从文化历史心理学的角度研究了人类高级心理功能与活动和社会交往之间的紧密关系，并最早提出了"最近发展区"理论。

他们通过以上的研究，进一步丰富和完善了建构主义的理论，并为其在课堂教学中的运用提供了一定的理论依据。

（二）建构主义理论下的数学教学模式

根据建构主义理论，数学教学应该注重学生的主体地位和主观能动性。教师应该成为学生的引导者和组织者，而不仅仅是知识传授者。建构主义强调学生利用已有的经验和知识结构对新知识进行加工、筛选、整理和重组，实现对知识意义的积极建构。在建构主义下的数学教学中，教师应该引导学生独立思考和发现问题，并通过与同伴合作和讨论获得新知识。学生的学习建构应该基于他们已有的知识经验。教师的角色是忠实的支持者和引路人，在学生建构知识的过程中，将书本中的抽象知识放入真实环境中，让学生亲身体验和创造，以帮助他们获得有意义的知识。在数学课堂上，建构主义要求给学生足够的时间和空间，让他们参与讨论并发表自己的见解。当学生遇到困难和挫折时，教师应积极鼓励和支持他们；当学生取得进步时，要给予肯定，并指出新的学习方向。[41]

建构主义在数学教学中的应用就是强调学生的自主性，以数学教材为知识构建对象，以课堂为载体，以数学教师为组织者和辅导者，帮助学生主动获取知识并对已获取知识的意义进行重构，从而帮助学生完成原有知识结构与新知识的融合。

（三）建构主义学习理论的教育意义

1. 学习的实质是学习者的主动建构

建构主义学习理论强调学生在学习过程中的主动性和自主性，认为学生不仅仅是被动地接受教师传授的知识，而是通过积极参与、选择性处理和构建新信息来形成自己的理解。在这个过程中，学生先前的知识、经验和观念起着重要作用，他们根据自己的认知策略和意义构建能力来对新的信息进行理解和应用。同时，原有的知识经验体系也会随着新信息的引入而不断地进行调整和变化。它既包括对新知识的含义的构建，也包括对已有知识的重构。

2. 课本知识不是唯一正确的答案，学习过程是检验假说和调整经验的过程

在建构主义学习理论中，教科书上的知识只不过是对各种现象的一种较为合理的假定和对真实情况的一种更合理的解释，并不是唯一的正确答案。在此基础上，建构主义学习理论提出了一种"新"的"旧"知识的概念，即"新"和"旧"知识的交互作用。学生不会把自己当成一面镜子来"反映"知识，而会根据自己的了解，对那些假说进行验证，并作出相应的修正。

在学习过程中，学生的大脑并不像一块白板，而是常常会根据自身的

经历信息进行分析，并不是简单地照搬。因此，学习并不等同于被动地接受和机械记忆知识。相反，学习应该是一个积极的过程，学生通过与新的信息、其先前的知识和经验进行互动，形成自己的理解。

3. 学习需要走向"思维的具体"

建构主义学习理论对"去情境化"的课堂教学提出了批评，主张重视情境习得和情境认识。理论认为，学校往往是在人为的环境中，而不是在自然的环境中教育学生那些从现实中抽象出来的、具有普遍性的知识和技能。而这些知识往往会被遗忘，或者仅仅停留在学习者的大脑中；当他们走出教室，到了现实的环境中，就很难将它们重新记起，这种将知识与行为分离开来的方法是错误的。

知识一定要与它所应用的环境、目的和任务相匹配。因此，教师要想让学生能够更好地学习、保持并运用所学的知识，就一定要让学生在自然环境中学习，或者在环境中开展积极的学习，从而达到知行合一的目的。

情境性学习是一种富有挑战性和真实性的学习方法。在这种学习方式中，学生面对的任务会略微超出他们的能力范围，具有一定的复杂性和难度。学生不仅仅是被动地接受教师事先准备好的知识，而是主动地应对一个要求认知复杂性的情境，使之与自身能力形成一种积极的不相匹配的状态，即形成认知冲突。通过探索解决问题的方法，学生可以从具体的情境中逐渐提升自己的思维能力，获得更高水平的知识，最终再从思维走向具体。

4. 有效的学习需要在合作中、在一定支架的支持下展开

建构主义学习理论认为，每个学生都有自己对事物的认识，每个人对事物的认识都不一样，这些没有统一标准的客观差别本身就是一种丰富的教学资源。在与他人讨论、互助的协作学习中，学生能够超越自身的知识，对事物有更多、更深入的了解，对与自己有分歧的观点进行验证，对自己的认知结构进行重塑，对知识进行重构，从而获得新的知识。在互动合作学习中，学生对自己的思维过程进行了持续的重新认识，并将不同的观点进行了整理和重组，这样的学习方法既可以逐步提升学生的创造能力，又可以促进他们未来的学习与发展。教师提供学生所需的资讯及支援，使学生更好地学习及成长。

5. 建构主义的学习观要求课程教学改革

建构主义学习理论主张的教学过程不是教师简单地将知识传授给学生，而是学生通过教师的引导和帮助自己建构知识。建构指的是学生在新旧知识和经验的互动中，形成和调整自己的知识结构。这一结构化的建构必须由学习者主动进行，即学习者在学习过程中须起到积极的主体性作用。教师在这一过程中应发挥自己的主导性作用，创造良好的学习环境，这有助于学生学习。

6. 创设符合建构主义教学观的新课堂教学模式是课程改革取得成效的关键

建构主义教学环境包括情境因素、协作因素、沟通因素和意义建构因素。为了适应建构主义学习理论和建构主义学习环境，教师可以采取以下教学模式：以学生为核心，教师在整个教学过程中扮演组织者、指导者、帮助者和促进者的角色，通过创造情境、促进合作和交流等学习环境因素，激发学生的主动性、积极性和创造性，使他们能够对所学知识的意义进行有效的构建。情境教学法和随机通达法都是比较成熟的建构主义教学方法。重要的是根据具体情况进行适度修改和调整，以满足学生的学习需求。

四、初等化教学理念

近年来，随着国家对高等院校数学教育的重视和政策的调控，以及社会对专业技术人才需求形势的变化，高校的发展态势十分强劲。然而，在招生规模持续扩大的同时，也暴露出一些问题：学生的文化基础存在参差不齐的情况，其中一些学生数学思维能力较弱、缺乏数学思想。这些学生在面对强调数学思想的高等数学学习时会遇到困难。大学数学教育是高等教育的重要组成部分，但与高等专业教育仍然存在许多区别。大学数学教育的目标是培养全面发展的高等技术应用型专门人才，他们将在生产、建设、管理和服务的第一线发挥作用。因此，大学数学教育的任务是让学生掌握从事本专业领域实际工作所需的基本知识和职业技能。数学不仅是自然科学、社会科学、行为科学等学科的重要组成部分，而且是每个学生都需要掌握的基本知识。在大学教学中，我们应该重视数学教育的重要性。

然而，由于大学教育的特殊性，数学课程不应过于强调逻辑的严密性和思维的严谨性。相反，我们应该将其视为专业课程的基础，实施初级教学，并注重其应用性、学生思维的开放性以及解决实际问题的自觉性。通过这样的教学，我们可以提高学生的文化素质，并增强他们的就业能力。

从教材方面来看，21世纪以来，教育部多次召开全国高等数学教育产学研经验交流会，并明确提出"以服务为宗旨，以就业为导向，走产学研结合的发展道路"。这为大学数学教育的改革指明了方向。在编写大学数学教材时，编写人员特别注重针对性和准确定位，根据高校的培养目标，以"必需、够用"为指导思想，在以体现数学思想为主的前提下简化教材内容，使其简单易懂。教材既要重视大学数学的基础性，又要保持学科的科学性和系统性，更要突出其工具性。同时，教学中注重模块化的安排，以满足不同层次学生的需求，提供有选择性的教学服务。高校数学教育要力图转变以往只注重理论而不注重应用的观念，树立以学科为导向的教育观念，注重理论与实践相结合，注重基础运算与应用的培养，充分发挥应用的作用。

数学是人类形成理性思维的核心。人们所接受的数学训练、所领会的数学思想和精神都在发挥着积极的作用，是高级思辨能力的重要来源。在大学数学教学中，应尽量使学生掌握较多的数学思想。此外，数学作为一种为社会生活提供各种服务的工具，"简单"应成为其特征。能够将复杂的问题变得简单的，才是真正的数学。因此，如果能在大学数学的教学过程中，使用简单的初等方法来解决相应的问题，让学生明白同样的问题可以从不同的角度去看待、可以用不同的方法来解决，这将会极大地拓宽学生的学习视野，增强他们学习数学的兴趣和能力。

在大学数学中，微积分是一门重要的课程，它为现代工程技术、科学管理提供了重要的数学支持，同时它也是各专业学生在学习高等数学时的第一选择。要进行大学数学的教学改革，对微积分教学的研究必然是排在首位的。初等化微积分是一种教学方法，简单来说就是在讲授微积分时不讲解极限理论，而是直接讲解导数与积分。这种方法符合学生的认知规律和数学的发展过程。从微积分的发展史来看，导数和积分先于极限理论出现。在现实生活中存在许多涉及变化率和求积的问题，因此导数和定积分的概念应运而生。为了使微积分理论更加严谨，极限理论被引入了。学习微积分可以使学生掌握处理实际问题的思维方法，提高他们通过数学知识解决实际问题的能力。[42]

在初等化微积分教学中，教师通过分析实际问题引入可导函数的概念，能使学生清楚地看到问题是如何被提出的、数学概念是如何形成的。类比中学时我们接触到的用导数描述曲线、切线斜率的问题，可以让学生了解到同一个问题可以用不同的数学方法解决，从而有效培养学生的发散思维和探索精神。在大学数学初等化微积分教学中，极限的讲述是描述性的，因此难度大大降低，体现了数学的简单美。

在微积分和线性代数板块的教学中，教师需要同时渗透数学思想和兼顾学生继续深造的实际需求。为此，在大学数学教学中，可以尝试以下初等化微积分的教学方法[43]：

第一，微分学部分。微分学部分采取了传统的教学方法，即"依次讲解极限—连续—导数—微分—应用"。在极限理论中，教师重点介绍了无穷小的概念，让学生能够将极限问题转化为对无穷小的讨论，然后引入强可导的概念，并简要介绍了可导函数的性质及其与点导数的关系。教师通过将微分的初等化作为微分学的后续部分，为引入积分概念和计算积分打下基础。这种教学方法不仅让学生掌握了另一种定义导数的方法，更是揭开了数学概念的神秘面纱，拓宽了学生的视野，丰富了学生的数学思维，并激发了他们思考、探索和创造的信心。

第二，积分学部分。积分学部分采用了初等化的"头"和传统的"尾"的教学方法。在积分学的"头"部分，教师通过实际问题的驱动引入和建立了公理化的积分概念，并利用可导函数的性质推导出了牛顿—莱布尼茨公式，解决了定积分的计算问题。最后教师从几何的角度介绍了传统的积分定义，通过求解曲边梯形的外包和内填面积，加深学生对积分概念的理解。这种教学方法不仅让学生学习到积分知识，还培养了他们对数学公理化思想的认识，同时也让他们学会了应用数学方法解决实际问题，对提升学生的数学素养有很大的帮助。当然，积分学部分也可以尝试另一种教学思路。因为导数、积分等概念只是极限的一种特殊情况，所以可以将极限初等化，进而初等化导数和积分的概念。这种方式可以保持原有的传统微积分教学顺序不变，只是在极限概念的讲解中要采用描述性语言而不是符号化语言的方式。虽然与传统的微积分教学相比，现在的微积分教学没有太大的改动，但能让学生对与极限相关的内容有直观的理解，同时还能进行一些相关问题的证明，以达到培养学生的论证能力和数学思维的目标。

第三，线性代数部分。按照人类接受新事物的认知规律，线性代数部分的教学可以从实际应用入手，将抽象概念与实际应用紧密结合，通过多个应用问题把数学理论与实际应用有机融合，激发学生学习数学的兴趣。在这部分的教学中，教师不仅要将代数与几何紧密结合，从代数的精确性和几何的直观性两方面来阐述问题，使学生从多维度了解事物的属性，培养其从多方面思考问题以及把握事物本质的能力；而且要将抽象定理证明与解决复杂问题能力的培养紧密结合，把复杂的数学问题分解为一些同类型的简单子问题，归结为一个子问题求解，或分解为一系列不同类型的子问题求解，讲述复杂问题分解与分类的方法，启发学生的并行计算思想。此外，教师还要将代数知识传授与抽象逻辑思维能力培养紧密结合，通过对线性空间、向量组的线性相关与线性无关等抽象概念和逆矩阵求解、非齐次线性方程组求解、矩阵的对角化等复杂的计算过程的讲解，培养学生抽象思维与逻辑思维的能力。整个教学过程要注重培养学生自主学习和终身学习的习惯。

第三节　课程思政教育与大学数学教学的关系辨析

2019 年 3 月 18 日，习近平总书记在主持召开学校思想政治理论课教师座谈会时强调，要用新时代中国特色社会主义思想铸魂育人，引导学生增强中国特色社会主义道路自信、理论自信、制度自信、文化自信，厚植爱国主义情怀，把爱国情、强国志、报国行自觉融入坚持和发展中国特色社会主义事业、建设社会主义现代化强国、实现中华民族伟大复兴的奋斗之中。而在大学数学教学中，课程思政教育理念也可以起到重要的作用。课程思政教育是贯彻"三全育人"的重要手段，它能够在思想政治教育方面发挥重要的作用。大学数学教学可以通过融入国家发展战略、强调爱国主义和社会责任意识等元素，引导学生将所学的数学知识与国家发展紧密结合，培养学生的思想性、理论性和亲和力。

一、课程思政的内涵界定与当代价值

(一) 课程思政的内涵界定

习近平总书记在 2016 年 12 月召开的全国高校思想政治工作会议上指出:"要坚持把立德树人作为中心环节,把思想政治工作贯穿教育教学全过程,实现全程育人、全方位育人,努力开创我国高等教育事业发展新局面。""要用好课堂教学这个主渠道,思想政治理论课要坚持在改进中加强,提升思想政治教育亲和力和针对性,满足学生成长发展需求和期待,其他各门课都要守好一段渠、种好责任田,使各类课程与思想政治理论课同向同行,形成协同效应。"[44]这不仅是党中央在新形势下对思想政治理论课提出的具有重大指导意义的原则和方针,也是对高校思想政治理论课和其他课程之间的关系提出的新的具体要求。

一些学者认为课程思政实质是一种课程观,不是多开一门课,也不是增设一项活动,而是将高校思想政治教育融入课程教学和改革的各个环节、各个方面,实现立德树人、润物无声。[45]这就是说,要在各科教学中找到专业知识和思想政治教育内容之间的联系,并在课程教学中将思政内容融入学科教学体系之中,用学科教育教学渗透的方法来实现思想政治教育的目标。还有一些学者提出课程思政包括在学校中开展的一切教学学科和教育活动,以课程为载体,思政教育贯穿整个过程,使其充分体现出课程的育人作用和价值取向。也有学者认为,课程思政主要应该包括以下要点:"在坚持以传统思政课程为核心的基础上,结合各高校的办学特色,通过教育内容和模式的改革和创新,拓宽思想政治教育的渠道,将思想政治教育渗透到其他课程中去,实现全员育人、全过程育人、全方位育人。"简单来说,课程思政就是把知识探究与价值引领有机地结合起来,挖掘学科中的思想政治教育资源,把各学科中的思政要素充分地挖掘出来,把中华优秀传统文化有机地融合在一起,从而达到"知识探究 + 价值引领 + 能力培养 + 人格塑造"四位一体的人才培养目标。

在实施课程思政时,我们需要注意以下几个重点:第一,课程思政需要将思想政治教育的原则、要求和内容与教材开发、课程设计、课程实施、课程评价等方面进行有机结合,将课程作为思政教育的载体,使之成为专业课教学的一种模式。课程思政的关键在于根据思政教育原则对学科内容进行深入开发，充分挖掘其中的思政教育内涵，合理科学地规划和开展思政教育，推进思政教育与通识教育和专业教学的有机融合。第二，课程思政要坚持"全方位、多维、创新"的思政教育理念，将思政教育的渗透与教育的主流价值观引导结合起来。强调在教育中培养学生的理想信念，推动思政教育与各种课程的有机融合，发掘和丰富各种课程中的思想政治教育资源，探索构建"全员、全过程、全方位"的"大思政"教育模式。第三，以课程为载体，构建课程思政的示范性课程。示范性课程不仅要遵循课程建设的规律和逻辑，还要紧密关注大学生思想观念变化的规律，结合他们最关心的问题和国家社会最需要解决的问题，提炼出课程核心。这些示范性课程应当体现思政教育的理念和目标，并成为引领和推动全校思政教育改革发展的典范。比如自 2016 年以来，笔者任教的华南农业大学先后颁发了一系列课程思政建设方案及实施办法，在构建"全员、全过程、全方位"的"三全育人"的大格局过程中，加强教师立德树人的意识，强化课程思政与专业思政，将思想政治要素有机地融合到各学科之中，对思想政治内容进行科学、理性的设计；充分认识通识、专业、思政三种教育模式在育人方面的共同点，在课程思政的指导下，推动课堂教学的变革，建设出一支让学生喜爱的"金课"队伍，充分发挥专业教师在课程育人中的主导地位，让各种课程都能与思想政治理论课程并驾齐驱，将思想政治教育与价值观教育结合起来；处理好对标一流与立足校情的关系，在构建一流人才培养体系的大目标下，找到适合学校实际的路径和举措。华南农业大学颁布实施的系列文件、举措为课程思政建设和研究提供了制度保障。与此同时，华南农业大学还定期评选校级"课程思政精品课程""课程思政示范课堂"以及"课程思政示范课程"，这不仅有利于课程思政教育效果的提升，还有利于课程思政的推广与示范。在此期间，华南农业大学的大学数学课程也建立了校级课程思政示范课堂，并获批了思政方向的广东省教育教学改革项目。

在培养目标上，课程思政应与思想政治理论课同向同行。习近平总书记在全国高校思想政治工作会议上指出"使各类课程与思想政治理论课同向同行，形成协同效应"。一方面，高校思政理论课是思政育人体系的重要内容，但它存在着一定的局限性，这一局限性将对其育人功能的发挥产生一定的影响，而课程思政能有效地弥补这一局限性。另一方面，我们要培养具有正确的政治立场、有能力、有智慧、德才兼备的社会主义建设者和接班人。随着中国在国际舞台上发挥的作用越来越大，它对国际人才的需求也越来越大，这就要求我们在人才的培养上有新的观念、新的思考方法及与全球一体化进程相适应的创造力等。从某种程度上说，课程思政是一种弥补思想政治理论课程相对不足的有效途径。因此，推动课程思政与思想政治理论课程同向同行，可以形成教育合力，有效实现全员育人、全过程育人。

在方法上，课程思政常常以隐性的方式渗透到专业课程的教学过程中，教师通过巧妙的设计和教学手段，让学生在无意识中接受主流价值观的熏陶。这种方法将思政元素和思政教育内容融入专业课程中，使学生在进行专业学习的同时也得到了思想政治教育的启迪和引导。通过隐性的思政教育，学生可以在实践操作中感受到主流价值观的影响，塑造正确的世界观、人生观、价值观。这种方法能够更好地引导学生形成正确的思想和行为，提升他们的思想政治素养。课程思政要求教师既要有丰富的专业知识储备，又要牢记课程育人的根本任务，在课程教学中采用合适的方式将专业知识和思政教育的内容相结合，在教授专业知识的过程中注重学生的情绪反应，使学生在行为和情绪上产生共鸣；以自己的人格魅力和渊博学识来活跃课堂氛围，使知识的传授更加温暖；在不知不觉中提升教学效果，达到思想政治教育"润物细无声"的目的。课程思政的目标是要扩大思想政治理论课程的影响，而不是弱化它在整个思想政治教育系统中的地位和功能。思想政治理论课仍然是引导主流价值观念的骨干力量，要坚持其主体地位，其本质就是要坚持社会主义意识形态的主阵地，要一直为党和国家的发展目标服务。

（二）课程思政的当代价值

课程思政理念的提出有利于落实教书育人的主体责任，对改进和加强高校思想政治工作，提升高校思想政治工作的水平和质量，实现"全员、全过程、全方位"育人要求等都有着非常重要的促进作用。深化对课程思政的内涵定位，树立育人为本的导向，对课程思政的生成与实施路径进行系统的规划，使课程思政的实施方案更加丰富，这对高校始终坚持社会主义办学方向和培养德才兼备、全面发展的新时代人才有着十分重要的实践意义。

1. 课程思政是新时代思想政治教育理念的重要体现

德国教育家赫尔巴特曾说过，没有德育的教导，仅仅是一种无用的方法。[46]美国教育家杜威主张，在道德教育中，要改变单纯、粗暴、直接的方式，而要采用"间接"的方式，使道德教育贯穿于每一门课程、贯穿于全校师生的日常生活。课程思政不仅体现了杜威的这一教育观点，而且结合中国特色社会主义高校的人才培养需求，倡导将知识传授与思想政治教育相融合，形成了新的育人模式。一方面，课程思政实现了知识传授与思想政治教育的融合。每个学科、各类课程的育人功能都是建立在其学科领域知识与实践方法的积累基础之上的。将不同学科的知识、理论和方法引入思想政治教育中，这将在更深、更广的层次上对传统教育观念的限制进行突破，进而形成更加科学、系统的思想政治教育体系。把价值导向和专业知识结合起来，目的是适应新时代大学生成长成才的需要。另一方面，从理论上讲，课程思政是一种新的理念，也是一种对大学生进行思想政治教育的有效途径。课程思政将不同学科、不同课程的育人功能进行了整合，并将其融入思想政治教育的整体框架之中，这对思想政治教育的内涵进行了极大的扩展和进一步的丰富，从而使高校思想政治教育不再局限于思想政治理论课程，而是扩展到了所有课程，真正实现了"三全育人"的目标。

2. 课程思政是坚持育人为本的指导思想

实施课程思政是促进高校思想政治教育发展和现代化变革的重要途径，其关键是育人为本这一鲜明的指导思想。在育人为本的导向下，推进课程思政的教育教学改革，需要从学科、教材、教学、管理等方面做好规划和引导。

首先，在学科层面，要突出哲学社会科学的育人作用。习近平总书记曾说过："高校哲学社会科学有重要的育人功能，要面向全体学生，帮助学生形成正确的世界观、人生观、价值观，提高道德修养和精神境界，养成科学思维习惯，促进身心和人格健康发展。"[47]这就是大学哲学社会科学的任务与职责，也是大学哲学社会科学的基本内涵。哲学社会科学对学生的理想信念、道德情操、法律意识和生活态度等方面的作用为实施课程思政提供了充分的可能。哲学社会科学与思想政治教育之间的契合性和相通性使其成为高校思想政治教育的重要载体，也是课程思政教育教学改革的重要组成部分。

其次，在教材方面，应加强教材编审能力。要推进课程思政教育教学改革，必须推进教材体系的相应发展。比如打造一批能够充分适应中国国情和社会发展实际、符合社会主义核心价值观、立场端正、内容科学、体系完备、特色鲜明的核心教材，同时建立统一的教材编订和管理制度，确保教材的质量。

再次，在教学方面，应制定完备的教学指南，明确相关专业课所对应的价值教育内容。课程思政对大学中的每一门课程都提出了发挥其育人作用的要求，因此一定要明确每一门学科、每一门课程所应该承担的思想教育和价值引领的内容，要以课程思政为指导，制定出一套明确的教学大纲和教学指导方针。在充分考虑各类课程之间存在的差异性和独特性的前提下，对思想政治理论课的教学经验进行吸收和借鉴，将哲学社会科学课程与思想政治教育的教学方案相结合，进而形成一套相应的教学指南，为课程思政的育人导向提供具体的指导。

最后，要加强对学生思想政治工作的指导。课堂教学是推进课程思政教育教学改革的核心环节，必须加强课堂教学管理，提升课堂教学质量，才能真正落实课程思政理念、推进课程体系建设。在制度层面，加强课堂教学管理，就是要建立健全相关教学管理制度，明确将思想教育与价值引领纳入课堂教学管理制度。在教学层面，教师应不断改进课堂教学方式，完善理论知识与实践方法相结合的课堂教学模式，加强实践教学环节，引导学生学以致用，使学生在实践过程中加强价值认同、完成价值内化。在教学评价体系的层面，将思想教育和价值引领作为课堂教学评价和教师教学评价的指标，推动课程思政教育教学改革的实施。

3. 课程思政是立德树人的积极推动力量

2017 年底，中共教育部党组印发了《高校思想政治工作质量提升工程实施纲要》（教党〔2017〕62 号），其中明确提出："坚持问题导向，注重精准施策。聚焦重点任务、重点群体、重点领域、重点区域、薄弱环节，强化优势、补齐短板，加强分类指导、着力因材施教，着力破解高校思想政治工作领域存在的不平衡不充分问题，不断提高师生的获得感。"在此原则指导下，课程思政坚持问题导向，致力于摆脱其所面临的各类困境。课程思政作为一种以培养人才为中心的整体性课程，不仅能够缓解思想政治理论课"孤岛化"的实际困境，而且能够将各学科、各课程的教育职能有机地结合起来，使各个学科、各个课程都能够在大学教育中真正地发挥其教育价值，从而使各学科、各课程与思想政治理论课形成一个有机的整体，互相促进、互相支持，形成一股强大的教育力量，对实现立德树人的根本任务起到了积极的推动作用。除此之外，在课程思政理念的指导下，各门课程都能够发挥各自的教育作用，这不仅可以提升学生的综合素质，还能帮助学生铸牢理想信念，在具体的专业知识的教育中突显价值引领和人格塑造。各类课程在育人目标的实现上相辅相成，体现出新时代思想政治教育理念。

二、课程思政与大学数学教学的关系辨析

（一）课程思政与学科德育的关系辨析

大学数学是数学学科中一门重要的本科数学课程，在笔者所在的高校，这门课程主要面向农业专业学生开设。大学数学是一门由微积分学、代数学、几何学，以及它们之间的交叉内容组成的公共基础学科。本课程主要对数学的基础概念、理论和方法进行系统和深入的讲解，让学生掌握微积分学与代数学的基本概念、基本理论和基本方法，并让学生了解数学的思想、理论和方法，从而构建较为宽广的知识结构，以适应现代农业、生物科学技术、信息科学技术等领域对其数学知识、能力和素质的需要，为学生学习后续课程及运用数学知识解决实际问题奠定良好的数学基础。微积分包括一元和多元微积分，包括函数的极限、导数、积分、级数、微分方程等内容；线性代数主要包括向量空间、线性变换和线性方程组等内容，涉及了矩阵、向量空间、线性变换和特征值等概念和方法。正如前文所述，课程思政要求高校各类课程都能体现育人功能，则必须明确各个学科、各类课程所应承担的思想教育和价值引领责任。大学数学是一门面向全校农业专业大学一年级学生开设的公共课，大学一年级的学生站在人生的新起点上，其人格个性、道德意识和责任担当都会在这一时期有进一步的发展。完善的人格、崇高的道德和无畏的担当正是思政教育的核心所在，也是担当民族复兴大任的时代新人所应追求的人生目标。大学数学作为数学学科中的一门课程，也应注重在课程内容中融入思政内容，让学生形成正确的方法论和科学的求真精神，使学生具备良好的科学素养和细致

严谨的工匠精神；使学生树立积极向上的进取精神和生活态度，将其培养成人格高尚、德才兼备、崇尚科学、务实进取、乐于奉献的新时代大学生。关于学科承担思想政治教育的使命，人们常常会联想到学科德育这个概念。其实，学科德育与课程思政既有区别又有联系。有学者认为，学科德育这一概念更适用于基础教育，而课程思政这一概念更适用于高等教育，两者有相通的基础，也有衔接贯连的可能和必要。[48]一般而言，学科德育侧重于中小学的思想道德教育，而课程思政更侧重于高等院校的思想引导。

首先，在观念上，1985 年《中国大百科全书·教育》将道德教育界定为："教育者按照一定社会或阶层的要求，有目的、有计划、有组织地对受教育者进行系统的影响，把一定的社会思想和道德观念转变为个体思想意识和道德品质的教育。"而学科道德教育的理念是 2000 年由中共中央办公厅、国务院办公厅在《关于适应新形势进一步加强和改进中小学德育工作的意见》中提出的，该文件提出要把道德教育融入所有课程中。学科德育是对中小学中狭义的承担直接德育责任的德育学科（品德与社会等）的超越。学科德育强调在学科中渗透德育，尤其指学校内各科目中德育要素的总和。课程思政这一概念则来自 2016 年全国高校思想政治工作会议。课程思政是对高校开展的作为思想政治教育直接渠道的思政课程（思想政治理论课）的超越，强调在课程中渗透思想政治教育，强调高校中所有课程要包含思想政治教育的资源与要素，也就是各学科、各课程要充分挖掘思政教育资源，拓宽思政教育渠道，发挥教育主体的协同育人功能。

其次，笔者认为在基础教育中更适合实行学科德育，而在高等教育中更适合实行课程思政。学科德育在重视德育的基础上，更多的是强调学科。在中小学教学中，学科更加具体，特指语文、数学、英语等科目。课程思政在重视思想政治教育的基础上，更强调课程。从高等教育的角度来看，课程指的是一所学校里的学生所要学习的科目的总和以及过程和安排，它包含了由学校里的教师讲授的各种科目以及有目的性和计划性的教学活动。学科特指相对独立的知识体系和为专业设置的学科分类，比如独立知识体系下的自然科学、工程与技术学科，还有专业设置的学科如哲学、经济学、文学等。在基础教育中，普通中小学的任务主要是培养学生的基本素质，青少年儿童的这种基本素质的养成是基础性的、全面性的，同时由于每一位少年儿童都需要这种发展，普通中小学教育具有基础性、全面性和全体性的特点，它更多地强调思想品德的教育。相对而言，高等教育阶段的大学生已经养成了基本的道德行为规范，对中国的政治制度和发展道路有所了解，在此基础上大学生接受更加鲜明的思政教育更有利于其发展与成才。

最后，尽管学科德育与课程思政之间存在着一定的差异，但二者也存在着许多的相似性。第一，二者在理论上是一致的。学科道德教育与课程道德教育的共同理论依据是马克思主义基本原理、毛泽东思想、中国特色社会主义。第二，二者有共同的育人目标。二者都将提升德育实效当作目标，将社会主义核心价值观作为核心内容，都在引导学生形成积极的人生观、正确的价值观。不管是学科道德教育还是课程思政，都应该立足于社会主义核心价值观，将政治认同、国家意识、文化自信等内容融入其中，并针对不同学段的学生特点对其进行思想引导。第三，二者有共同的育人途径。二者都致力于充分挖掘各学科的德育和思想政治教育内涵，实现能力培养与道德养成的有机融合，在教学活动中将教学内容与思政要素进行自然的融合，在教学的各个环节体现育人功能。第四，两者都把立德树人当作教育的根本任务，注重"全员、全过程、全方位"育人，力求建立"大思政"的教学模式，使各种课程和思想政治理论课齐头并进、共同育人。

（二）课程思政中的显性教育和隐性教育与大学数学教学内容设计的关系辨析

大学数学课程教学始终围绕知识传授与价值引领相结合的教育教学理念展开。在课程教学中，根据实际教学内容以及预期教学实效，大学数学的教学内容设计会灵活地融入显性思政教育或者隐性思政教育的资源与内容。那么，什么是显性教育，什么又是隐性教育呢？其实，无论是"显"还是"隐"，都不是一个具体的、单一的方法名称，它只是一个类型的方法名称。显性教育是由教师组织的、直接对学生公开实施的道德教育方式的总和。它是一种在马克思主义理论指导下直接教育、在社会主义思想的传播中政治性很强的教育类型。隐性教育是指在教育环境中通过直接体验和潜移默化的方式，使学生获得有益于身心健康和全面发展的教育经验的活动方式和过程。它注重通过实践和感受来培养学生的个人素质和能力，而不需要明确的教学指导或教育目标。隐性教育是指以隐性渗透的方式，将思想政治教育融入各类课程之中，以"润物细无声"的方式，来实现对学生的思想价值引领。[49]

显性教育和隐性教育是思想政治教育中相辅相成、辩证统一的两种方法。两者在实施过程中有着不同的特点，分属于不同的教育形态，但又在不同层面上相互构成实施方法的主体，并且相互联系、相互补充。缺少任何一方，都难以形成一个有效的教育系统。显性教育是通过直接、明确的思想政治理论课程来对学生进行思想教育的方式。这种教育方法注重在教室内传授相关的思想理论知识，通过引导和讲解的方式影响学生的思想意识。它是一种有形的、明确的思想教育方式。而隐性教育则是一种间接、无意识的教育活动，通过潜移默化的方式在学生的专业知识学习过程中加强价值观教育。这种教育方法并不直接强调教授思想理论，而是通过学习活动、社交环境和学校文化等方面的影响，渗透和塑造学生的价值观念和思想意识。

以华南农业大学数学课程教学为例，其以立德树人为核心，将培养能担当民族复兴大任的时代新人作为课程教学目标，以乡村振兴与生态文明为中心，以培养"懂农业、爱农村、爱农民"的人才为宗旨，将为"三农"服务的初衷融入教学之中，在课程体系、实践教学、协同育人等多个环节上推进教学改革与创新，助力构建具有农业大学特色的协同育人体系，将"三农"情怀根植学生的内心，培育学生"学农、爱农、务农"的精神，使学生牢固树立"基层最能锻炼人、农村最为需要人"的理想信念，引导学生勇于承担"强农兴农"的历史使命与责任。本课程不但重视对大学数学的基本概念、基本理论和基本方法的讲授，而且将农业、生态、现代生物等领域的特色案例融入教学内容，将数学建模思想融入其中，着重强调数学在现代农业与现代生物领域中的实践与应用，还有机融入"四个自信"、家国情怀、科技报国、中华民族伟大复兴、社会主义核心价值观等思政元素。本课程教学重视培根铸魂与价值观的引领，注重培养学生的家国情怀和责任担当，以及科技报国、求真务实、开拓创新的精神，为培养具有国际前沿视野、科技创新能力和服务"三农"信念的高素质复合型人才打下基础。在教学过程中，教师通过引入数学家、农学家和科学家的先进事迹，逐步塑造学生吃苦耐劳、脚踏实地、团结奋进的作风，培养学生的工匠精神、爱国主义情操、社会主义责任感和无私奉献的精神。课堂思政引领作用突出，达到了思政内容与专业知识有机融合、全方位育人的良好效果，做到了"思政巧妙入课堂，育人润物细无声"。在大学数学的教学过程中，思想政治的显性教育和隐性教育紧密相连、互相交织。一方面，在进行数学知识传授的过程中，教师所传授的数学知识是显性的，而其人格魅力、家国情怀、语气语调等又是隐性的。另一方面，大学数学课程重视对思政元素的深入挖掘，课程教学内容经过合理重构和精心设计，课程教学积极探索在公共数学课程中根植理想信念的有效方式，打造了大学数学课程思政示范课堂以及精品示范课程，数学课程中的思想政治教育意义被挖掘和凸显出来，从而使隐性教育逐渐转化为显性教育。

在大学数学的教学中实施课程思政，既要强调显性的社会意识形态灌输，又要将主流价值观渗透于教学内容中，让学生在潜移默化中接受思想熏陶和价值引领，充分发挥课程的育人价值，最终实现思政的显性教育与隐性教育有机融合、融会贯通的目标。

（三）课程思政中教师作用发挥与大学数学教学的关系辨析

开展课程思政工作是强化党对教育的全面领导、使高校成为坚持党的领导的坚强阵地的需要，是贯彻立德树人的根本任务、培养社会主义建设者和接班人的需要，是加速学校思想政治工作体系的建设、提高学校思想政治工作的质量与水平的需要。深入开展课程思政是贯彻"三全育人"的重要工作，是贯彻立德树人的重大战略举措，是建设高质量人才培养系统的有力突破口，也是教师在教育教学中发挥教育作用的必要条件。

立德树人突出了各学科的育人作用，是一种全面的教育观。在价值传递的过程中，要把知识的积累和价值的引导结合起来，这就需要把社会主义核心价值观的教育纳入每一堂课。教师的发挥和教学内容的设计都会对课程思政的实施产生影响。授课教师在教学中开展课程思政是一项较大的挑战。在大学数学的教学中实施课程思政时影响教师发挥的主要因素包括以下几个方面：

第一，课程教师对课程思政的重要性认识不够。立德树人是每一个教育工作者的职责，但是在教师队伍中，有一部分专业教师的思想政治意识不强，他们没有认识到课程思政建设的重要性，因而没有充分地发挥专业教师在思想政治教育方面的作用，思想政治教育很难将全体学生以及整个教育过程都覆盖在内。一些教师缺乏政治素质，政治理论水平不高，政治敏感度不高，对问题的看法较为片面，缺乏对课程价值的引导意识，不能很好地履行立德树人的职责。还有一些教师在育德意识方面存在不足，仅仅将教学工作视为谋生的手段，缺乏对育德的激情。他们只注重教书而不注重育人，没有真正将育人视为自己的权利和责任，没有认识到教书与育人之间的协同关系。他们片面地认为价值引导仅仅是思政课教师的职责和任务，忽视了在传授知识的同时进行思想启迪和引导的重要性。此外，大学生的思想政治素养、科学文化素养和人文情怀等方面的培养工作涉及面广，难以量化，这给考核工作带来了一定的难度，导致专业教师对课程思政的认可度不高。

第二，高校学科师资队伍建设存在着较大的问题。对专业课程思政元素的挖掘不仅是一门科学，更是一门艺术，它需要任课教师在主观上具备进行课程思政教学的主动意识，在客观上具备对课程思政元素进行挖掘的能力。

第三，虽然现在越来越多的专业教师开始有意识地在传授知识的同时开展德育教育，但是目前课程教师的科学人文精神素养、人生境界、专业视野、人格魅力、课程思政教学设计能力和教学手段等与课程思政要求尚有一些差距。教学设计不完善，教学载体不足，课程思政元素挖掘的深度与广度不够，不能应用马克思主义的立场观点来帮助学生分析学习中的问题，导致专业教师在课堂教学中难以落实立德树人的教学培养目标。教师对在数学课程中融入思政元素的路径、方法的设计比较局限。一方面，数学课程对自然规律和自然现象等进行解释，以自然知识本身为研究对象，具有客观性。课程思政不是简单地将思政理论生硬地加入各个专业课堂，也不是在讲解专业知识之后抽取一部分时间传授思政知识，而是真正将思政知识融入对专业知识的讲解中。另一方面，在挖掘课程思政元素时，应该密切关注党和国家的中心任务、社会现实需要以及教育对象的特点等多个方面的情境，努力做到与时俱进。同时，挖掘课程思政元素时还应该正视并尊重当代大学生的接受能力、兴趣点等因素。在结合本校农业特色以及本课程服务"三农"的培养目标的情况下，将思政要素融入大学数学课程会变得更加困难。当前，任课教师在实施课程思政方面使用的手段比较传统、缺乏创新，实施方法有限、策略单一，这些都影响了课程思政的效果。

在大学数学中推行课程思政，想要达到更好的思政效果、真正实现价值引领，就应该充分发挥教师的作用，努力提升教师个人的教学能力和教学水平。教师的教学能力包括课堂组织能力、与学生交流与沟通的能力、教学科研能力等。在数学知识的讲授过程中科学寻找思想政治教育的切入点，是课程思政工作的关键。为此，教师应加强自身对社会主义核心价值观的系统化学习，深入理解核心价值观的精髓，找到自己擅长的学科领域与思想政治教育的最佳结合点，将思想政治教育的要素与专业知识形成交叉互联，实现渗透式教学的效果。另外，教师还应加强教学内容的设计，高校应健全制度保障和评价体系。一方面，高校要着力推进针对教学内容设计的考核评价体系建设。要充分发掘各学科的思想政治教育资源，检验教学效果，提高教师的育人质量，就必须建立一套科学、有效的考核评价体系。高校可以尝试采用学生评教、现场教学展示和同行评价等方式构建一个动态化、规范化和常态化的教学评价模式，加强对教学过程的监管和管控，持续优化教学内容的组织和设计。另一方面，应致力于推行激励政策体系来奖励优秀教案。建立一个持续的机制来发现、培养和跟踪优秀教师，包括那些在学生中受欢迎的教师和思政教育相关学科的专家，使其参与到大学数学课程的建设。高校应建立一个更加丰富成熟的课程思政资源库和教案库，在同行之间形成良好的交流、推广和示范的良性循环模式。

第三章

课程思政与大学数学教学模式

在新的时代背景下，教育对育人目标、教育质量和教育方式都有了更高的要求。高校的育人目标在不断地提高，教育观念在不断地更新，教育方式在不断地发展。科学、先进、合理的教学模式与教学方法可以更好地提升教学效果。同时，如何科学合理地选择教学模式和教学方法，将数学专业知识与价值引领有机融合，在课程中渗透思想政治教育，在教学过程中实现立德树人的目标，达到"全员、全过程、全方位"育人的要求，取得润物无声的思政效果[50]，是本章主要论述的内容。

第一节　基于课程思政的案例教学法的大学数学教学模式

大学数学是一门非常重要的基础课程，它能够培养学生的抽象思维能力、逻辑推理能力以及综合应用能力，从而为培养适应新时代需要的高层次、复合型、创造性人才作出贡献。目前学生学习大学数学的积极性不高，畏难情绪重。针对学生的实际学情，为更好地提升教学效果，教师可以应用案例教学法来教学。案例教学法灵活高效、丰富生动，可以将学生的学习兴趣完全激发出来，让他们的主观能动性和学习积极性得到提高，让他们分析问题和解决问题的能力得到提高，从而实现新时期创新人才的培养目标。在笔者所在的高校，大学数学是一门面向全校农业专业大学一年级学生的公共基础课，大学一年级的学生站在人生的新起点上，其人格个性、道德意识和责任担当都会在这一时期有进一步的发展。完善的人格、崇高的道德和无畏的担当正是立德树人的核心所在，也是担当民族复兴大任的时代新人所应追求的人生目标。因此，大学数学课程教学特别注重运用案例教学法，将实际案例与德育内容有机融合，不仅遵循了数学教学的再创造原则，引导学生自己去发现探索，还能让学生形成正确的方法论和科学的求真精神，树立正确的价值观。[51]下面将对融入课程思政的大学数学教学案例教学模式展开论述。

一、基于课程思政的大学数学案例教学的意义

案例教学是一种基于案例的教学方法，教师可以在实际教学中引入生活中的数学实例，并就具体的数学问题展开数学建模。在教学过程中，教师充当着设计者、引导者和激励者的角色，引导和激励学生积极参与、思考和讨论。大学数学教学的最终目标是让学生了解数学的思想、理论和方法，掌握微积分学与代数学的基本概念、基本理论和基本方法，构建较为宽广的知识结构，以适应现代农业、生物科学技术、信息科学技术等领域对数学人才的知识、能力和素质的需要，为后续课程的学习以及应用数学知识解决实际问题打下良好的数学基础；同时还可以让学生的实践意识、实践技能以及创新能力得到提升。正如弗赖登塔尔认为："应当在数学与现实的接触点之间寻找联系。"而这个联系就是将数学应用于现实。同时，在教学过程中，教师还应注重将教学与实际生活相结合，使学生更好地融入社会，将所学知识应用于实际生活中。将案例教学引入数学教学中，充分体现了以应用为中心的数学思想。[52]

在大学数学教学中运用案例教学法可以弥补我国传统教学方法的不足。案例教学法通过将数学的思想、概念、公式和理论与实际案例相融合，使数学知识更具体、更有现实意义。学生在实际案例的引导下，能够体会并理解解决实际问题所需的数学概念和原理。此外，案例研究法还可以提高学生的创新能力、综合分析能力和综合运用能力，使他们能够将理论知识与现实生活相结合。同时，案例教学法还能提高教师的教学创新能力。通过实施案例教学，教师能够更好地发现学生的学习问题，并针对这些问题进行教学思考和改进。

二、基于课程思政的大学数学案例教学的实施

案例教学法在大学数学教学中的应用不仅需要教师有计划地提前进行案例教学的设计，还需要师生之间的良好合作，以及教师在不同阶段实施相应的教学工作。在用案例教学法进行教学之前，教师应该首先了解学生的学情，清晰地掌握学生已经储备的知识和经验，并先对知识进行简单介绍，让学生提前了解相关知识。教师也可以提前将案例材料发给学生，让

学生阅读案例材料，收集必要的信息，积极思考案例中的问题以及问题产生的原因，并尝试寻找解决办法。北京大学数学科学学院的张顺燕教授认为，数学教育的基本目标就是要让学生拥有一双能从混乱、错综复杂的自然界中找出规律的慧眼，让学生能够用科学严谨的语言和思维来探究宇宙的秘密，从而进行发明创造。教师就是要培养学生的这种眼光和思维。

在案例教学中，教师要做好充分的准备工作；在此基础上，结合学生已有的数学理论与实践，进行教学案例的设计与制作。在应用案例教学法时，教师应考虑到这一阶段学生的数学技能、适用性、知识结构和学习目标，然后对教学案例进行选择和设计。教师应该先概述案例研究的结构和对学生的要求，引导学生在案例中运用数学知识和理论进行分析。在运用案例教学法的过程中，不仅要注重数学理论的构架，还要注重案例教学所具有的直观、生动、有趣等特点；在案例的选取上，要充分发挥思想政治教育的功能，把知识探究与价值引领有机地融合在一起。[53]

例如，在有关极限的内容教学中，将极限思想在中国古代的萌芽作为教学案例（如图 3-1 所示），不仅可以引起学生的学习兴趣，还可以激发学生的民族自尊心与爱国主义热情，使其树立求真务实的人生观与价值观；讲授可逆矩阵内容时，可以将王小云院士的先进事迹作为案例引入教学内容。从古代数学家刘徽、祖冲之到现代数学家华罗庚、陈景润，将这些数学家的成就和先进事迹作为教学案例应用到课堂教学中，这样做不仅能活化教学内容，还能起到思想教育的作用。

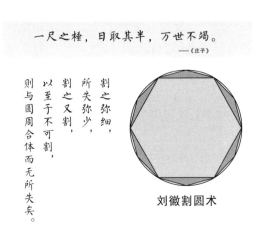

图 3-1　极限思想在中国古代的萌芽

再例如，在讲授函数的连续性的概念时，可以先播放一段植物生长的动画（如图 3-2 所示），并提问：植物的生长量在一小时、一分钟、一秒钟甚至更短的时间里有什么规律？以植物生长为教学案例引导学生探索连续的直观特征。教师可以向学生提出一个类似的问题：气温在不同时间尺度下的变化情况是怎样的？通过这个通识性的问题，教师能够利用社会心理学中的熟悉效应，激发学生的兴趣。之后，教师可以引导学生阐述函数连续的本质：当自变量的改变趋于零时，函数的改变也趋于零。通过逐层深入的探索，教师可以引出连续的概念。这种课堂教学过程以学生熟悉的案例为切入点，让学生在实例中寻找现象背后隐藏的规律。通过由点到面、由特殊到一般的思维方式，学生可以逐步探索和获取未知的数学知识，并树立唯物主义的世界观和价值观。

图 3-2　植物生长案例动画

又如，在讲授函数的导数概念时，可从郭晶晶在 2008 年北京奥运会比赛的案例引入课题，教师描述：假如在比赛过程中，运动员相对水面的高度与起跳后的时间存在这样一个函数关系：$h(t) = -4.9t^2 + 6.5t + 10$，请计算运动员在这段时间里的平均速度，并思考下面的问题：①运动员在这段时间里是静止的吗？②用平均速度来描述她的运动状态可以吗？教师引导学生进行计算分析，不难发现运动员在这段时间里的平均速度为 0，难道在这段时间里运动员是静止的吗？当然不是！这段时间里她一直是运动着的，而不是静止的。教师提问：为何会出现这样的矛盾呢？教师用这个实例导入新课，不仅可以激发学生的学习兴趣和求知欲，还可以激发学生的爱国热情和民族自豪感。教师通过奥运冠军刻苦拼搏的实例帮助学生树立积极向上的人生观，引导学生明白学习的价值和意义，帮助其树立个人的学习目标和努力方向，并激励学生在学习中不畏艰难、勇于攀登科学高峰。由此可以看出，要想应用案例教学模式，教师需要在设计教学时编写出合适的案例。这些案例既要与教学内容紧密相关，使教学过程充满丰富而生动的现实感，同时还要充分考虑思政作用，这样才能真正达到"思政寓于课程，课程融于思政"的目的。

三、基于课程思政的大学数学案例教学的特点

（一）鼓励独立分析思考，突出启发性与主观能动性

在教学过程中，教师要引导学生独立思考，组织讨论和探究，并作出归纳总结。个案教学可以激发学生的思维，使他们的注意力得到积极的调节，使他们始终处于最好的学习状态。传统的教学方式不利于激发学生的学习积极性和主动性，而案例教学则是让学生在学习中思考、分析、运用所学知识，并不断激活、塑造自己，使教学过程充满生机和活力。在进行案例教学时，教师应该引导每个学生表达自己的观点并分享自身的感受与体验。这个过程不仅可以提高学生的沟通能力，还能激发学生主动学习、努力学习的热情与积极性。案例教学旨在激发学生独立思考和探索的能力，强调对学生独立思考能力的培养，并对其分析和解决问题的能力进行训练。

（二）案例教学直观真实，可提高学生实践应用能力

案例教学的主要特点是直观性和真实性。具体的实例较为形象、直观和生动，能为学生带来沉浸式的学习体验，有助于学生在解决实际问题时进行思考、学习和理解。学生通过分析、思考、讨论和总结以一个或多个典型事件为基础的案例，可以提高分析和解决问题的能力。我们都知道，知识并不等于技能，知识需要转化为技能。目前，许多大学生只注重学习书本知识，忽视了对实践能力的培养，这不仅影响了他们自身能力的发展，也使他们脱离了现实，难以在实际中运用所学。教师在大学数学课程中应用案例教学，通过运用数学原理和方法解决实际问题，能够充分发挥

学生的主观能动性，帮助他们有效地将现实生活与大学数学知识结合起来。这样能使学生在学习的过程中获得更多的成就感和体验感，从而提高大学数学教学的质量，收到更好的教学效果。

（三）思政元素融入案例，育人润物无声

在大学数学的教学过程中，教师要认真选择教学案例，重新组织课程内容，把实际案例、数学知识、思政内容三方面有机地结合起来，使学生能够亲身经历、亲身体会并从中获得对自己身心健康、人格健全发展有利的经验，起到"润物细无声"的作用，从而实现对学生思想价值观的指导，使他们更加坚定"四个自信"并牢固树立"知农爱农""强农兴农"的理想信念，努力培养学生的家国情怀、责任担当、务实创新的精神，使其成为担当民族复兴大任的时代新人。

第二节　基于课程思政的问题驱动法的大学数学教学模式

回顾历史发展，数学理论是通过解决实际问题而逐步建立和发展起来的。数学与问题紧密相连，数学课堂教学也应该以问题为核心。张奠宙和张荫南首先提出了问题驱动课堂的数学教学方法[54]，杨玉东和徐文斌则提出了利用"本原性问题"驱动课堂教学的数学教学方法[55]。传统的数学课堂教学往往是基于"概念—定理—例题"和"教师讲、学生听"的模式，在这种教学模式下，学生有时会对教师的授课无动于衷。出现这种现象的主要原因是传统数学课堂教学方式下的数学知识显得僵化、缺乏活力，学生不知道学习这些数学知识的意义所在。若教师将问题融入数学课堂教学，让学生了解数学理论的起源和发展，那么数学知识就会变得生动而有趣。教师将数学理论的发展史展示给学生，传达数学思想，提高学生的数学修养。知识是思维的载体，教师的任务就是从教科书中发掘出思维方式，并向学生展示。美国数学家和数学教育家哈尔莫斯曾说过："具备一定的数学修养比具备一定的数学知识要重要得多。"在大学数学的教学中，如何巧妙地将问题融入课程内容，吸引学生的注意力，激发学生的求

知欲望,并向学生传达数学思想和理念,是大学数学课程团队在教学过程中不断探索的核心问题。

问题驱动教学是大学数学教学中一种重要的教学模式,能凸显学生在学习中的主体地位,激发学生学习大学数学的兴趣,促进学生自主学习能力的发展。提高大学数学的教学质量是任课教师面临的重大挑战。信息技术不断发展,教学设备与教学模式不断更新,这较好地满足了学生的学习需求。在培养复合型创新拔尖人才这一新的高校人才培养理念背景下,教师要充分激发学生的学习兴趣,营造良好的课堂氛围,广泛地与学生沟通交流,鼓励学生进行独立思考,引导学生自主学习,从而提高学生的学习能力与水平。教师应客观分析学情,合理应用问题驱动教学模式,充分调动学生的学习自主性,以保证大学数学的教学效果。

一、基于课程思政的大学数学问题驱动教学模式的优势

问题驱动的大学数学教学模式以教学内容为中心,密切关注数学学科及其他学科的发展动态和国际前沿。教师通过精心设计问题,将现代信息科学、生物科学、现代农业等现代科学技术等合理融入问题之中,注重理论联系实际,引导学生主动关注和思考科学技术的前沿问题并积极寻求解决方案或优化策略。问题驱动的教学模式是基于对各种问题的提问展开的,它重视激发学生的好奇心和学习兴趣,在问题和教学内容之间建立密切的联系,这样可以更好地提升学生的实际运用能力,增强他们的学习参与感和获得感。在设计问题时,教师可以精心融入国家战略需要、产业发展瓶颈、"卡脖子"问题等贴合现实热点与社会焦点的问题,将爱国奉献、科技兴国、创新发展等思政元素有机融入,这不仅可以让学生在解决实际问题时感受数学应用的美妙,也可以对学生进行很好的思想教育。因此,在融入课程思政的大学数学教学中应用问题驱动教学模式具有较大的优势。

(一)提高学生的主体地位

在问题驱动的教学模式中,学生可以保持自己的好奇心,从教师提出的问题开始,进行独立思考、自主分析,并与自己的学习经验和知识积累

相结合，寻求解决问题的途径、策略和方法，从而自主探究更深层次的数学问题。这个过程不但可以激发学生的好奇心，还可以提高他们的学习主动性和积极性。在传统的数学教学中，学生获取数学知识的方式相对单一，缺乏生动的思维体验；教师通常采用灌输的方式进行教学，学生的学习热情和主动性不高，他们往往是被动地接受知识，甚至出现厌学的情况。这种教学方式导致数学教学效果不佳。此外，师生互动较少，学情分析不充分，教师无法准确了解学生的学习情况，学生也不知道如何有效地学习，师生之间缺乏有效交流。传统的数学教学过于注重对知识理论的传授，对实际应用的培养关注不够。教学方式往往是基于"概念—定理—例题"和"教师讲、学生听"的模式，缺乏对学生数学思维的渗透和培养实际应用能力的教学内容。[56] 最终，学生学习数学的目的常常局限于应付考试。在问题驱动的教学模式中，学生是课堂教学的主体。对于学生的探究学习、自主学习和合作学习，教师可依据课堂实际设置不同形式和难度的问题，并适度引导学生，在必要时给予帮助。在"学生为主体，教师为主导"的模式下，师生一起运用数学原理和数学方法解决各类实际问题，以提高学生的数学学习能力以及实际应用能力。因此，在大学数学教学中应用问题驱动模式能够较好地提高学生的主体地位，为学生后期的高效学习作铺垫。

（二）提高学生的数学学习与运用能力

在培养复合型创新拔尖人才这一新的高校人才培养理念背景下，学生除了能学习、会学习外，还必须学会自主探究、发现问题、解决问题，更要学会创新和创造。问题驱动教学模式不仅仅强调教授学生学习方法和学习技巧，更要求教师加强对学生学习能力、分析能力、探索能力与实践能力的培养，以更好地帮助学生学习和运用数学知识。学生学习数学知识的目的就是要利用数学知识来解决现实中的问题，而问题驱动的教学模式正好能够帮助学生从问题入手，灵活地应用各种数学知识建立起一个完整的数学知识体系，从而提升学生的数学学习能力，确保教学效果。

（三）提高学生的综合素质

在问题驱动的教学模式中，学生可以主动与他人进行交流，寻找有关的信息，并对有关的问题展开讨论，进而增强他们的创新意识和创新能力。在新课程标准下，学生须具备多项技能，不能只具备专业技能，因而提高学生的综合素质很重要。在问题驱动教学模式的作用下，学生的学习意愿获得激发，学习环境得到改善，学习氛围也较为活跃，这样能够促进师生、生生之间的沟通交流，培养学生的合作意识，提高学生的综合素质，为学生步入社会奠定良好的基础。从问题入手的教学模式能够为学生模拟出一种实践的情境，在解决问题的实践中向学生弘扬劳动精神，教育学生崇尚劳动、尊重劳动。将数学知识与实际问题相结合，将实际问题融入思政要素，不仅可以让学生成为理论知识丰富、动手能力强、综合素质高的高端人才，还在此过程中潜移默化地对其进行了价值引导。

（四）将思政元素融入实际问题，提升育人成效

在问题驱动教学模式下，问题是教师根据教学内容精心挑选和设计的。教师可以在问题设计时融入国家战略需要、产业发展瓶颈、科技难题、"卡脖子"问题等内容，结合学生专业需要，进行学科交叉融合，将爱国奉献、科技兴国、创新发展、职业素养等思政元素有机融入，对学生进行教育，让他们具备扎实的专业基础，学一门会一门、干一行爱一行，努力做到"让勤奋学习成为青春飞扬的动力，让增长本领变成青春搏击的能力"，培养"咬定青山不放松"的钻研精神，怀揣报效祖国的赤子之心。将思政元素融入问题驱动教学，不仅可以让学生在解决实际问题时构建更加完善的知识体系、提高解决问题的能力，还能很好地进行思想教育、提升育人成效。

二、基于课程思政的大学数学问题驱动教学模式实施方法

在大学数学教学中以课程思政为基石应用问题驱动教学模式时，教师应对实际情况进行合理分析，了解学生的知识储备、学习兴趣、学习需求、学习能力等详细学情，以学情为参考，合理设计问题，注重将思政要素与实际问题有机融合，充分发挥问题驱动教学模式的作用以及课程思政的作用。具体实施方法如下：

（一）创设教学情境，激发学生学习兴趣

大学数学教学过程中往往存在一定的复杂性和挑战性，若学习兴趣不浓厚，学生则难以有效融入学习情境，容易觉得数学内容抽象难懂、生硬晦涩，从而更提不起学习数学的兴趣，甚至产生厌学的情绪。但是，兴趣是最好的教师，只有提升学生对数学课程学习的兴趣，才可以提升他们学习数学的主观能动性，进而提升课堂教学效率和课堂教学效果。因此，为了更好地激发学生的学习兴趣、提升课堂教学的效果，教师可以创造出与之相适应的教学情境来充分调动学生的学习兴趣和学习积极性，这样才能保证教学活动的顺利进行。在建立与之相适应的教学情境的时候，教师需要对学生的学习状况展开合理的分析，从而创造出一个合适的教学情境，并在情境中合理地融入相应的问题，让学生在活跃的课堂气氛中积极地思考、理性地分析，并利用他们所学到的数学知识来解决与之相关的问题。这个过程可以增加学生的学习经验和应用经验，从而提升他们的学习能力和应用能力。在创造情境的过程中，教师可以将问题划分为多个层次，按照循序渐进、由浅入深的原则，指导学生对这些问题进行深入的思考和分析，从而使其找到数学的规律，并对他们的经验进行归纳和总结，使他们的数学知识结构更加完善，进而更好地帮助他们学习大学数学。

例如，在讲授无穷小量的内容时，教师首先提出"幽灵量"的称谓激发学生的好奇心，再以无穷小量的发展历史为先导内容，从"无穷小是不是0，0是不是无穷小"这样的问题出发，通过播放视频介绍无穷小量的发展历史，如从研究平面几何的常用方法——穷竭法，到贝克莱悖论，再到第二次数学危机等数学史事件，引出本节新课内容，为整堂课创设良好教学情境和基础。这不仅激发了学生的学习欲望，有效提升了学生的学习兴趣，同时也达到了数学课程教学与数学史教育融合的目的，拓宽了学生的知识面，引导学生树立求真务实、勇于探索的科学精神。

又比如，在讲授微分中值定理时，教师先给学生们讲解它的来龙去脉：最早的时候，即在希腊时期，数学家通过几何学的方法得出了一个结论，那就是拉格朗日中值定理的一个特例。希腊数学家阿基米德（他的名句——"给我一个支点，我就能撬起整个地球。"）巧妙地利用了这一结论，求出抛物弓形的面积。教师通过对这段数学发展史的介绍，以及对学生熟悉的数学家的有趣故事的讲述，可以很好地创设学习情境，从求解抛

物线弓形（如图3-3所示）的面积问题入手，以问题驱动的方式让学生产生浓厚的学习兴趣和求知欲。教师通过对数学史及数学家事迹的介绍，引导学生形成尊重历史的唯物观、勤奋求学的奋斗观、提升综合素养的价值观。

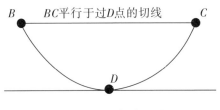

图3-3　抛物线弓形

再比如，在讲授非齐次线性方程组时，教师可以借助非齐次线性方程组在物资调配、人员调配、国家财政支出等具体问题中的应用，营造一种沉浸式的学习环境，再通过交通量这个现实问题来启发学生的思维。交通流量的规划问题：含四个节点 A、B、C、D 的十字路口（如图3-4所示），汽车进出十字路口的流量（每小时的车流数）已经标在图上，试求每两个节点之间路段上的交通流量。从问题出发寻找解决办法，从而激发学生的学习热情和求知欲，为下一步的教学活动的开展铺设良好的基础。与此同时，通过以具体问题的解决为导向的情境教学内容，教师向学生潜移默化、润物无声地传播科学精神和"实践出真知"等价值理念，从而达到课程思政的目标。

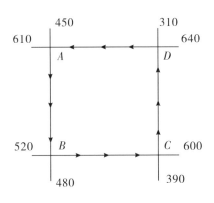

图3-4　交通流量的规划问题

（二）创设讨论情境，促进学生间的合作

学生在个人经历、成长背景、知识储备、个性特点等方面都存在个体差异，因此在面对问题的时候，他们的思维方式也会有差异。在这样的情况下，教师可以设定一个教学情境，布置教学任务，促进学生之间的合作与交流，让他们取长补短、互相学习、团结协作，进而更好地确保教学效果。教师可依据实际情况进行合理分组，鼓励学生合作并共同解决数学问题，这样不仅能提高学生的数学水平与学习积极性，还能锤炼学生的团队意识与合作精神。例如，在对定积分的概念及性质进行教学时，教师可让学生进行分组讨论并用课堂所学的知识和方法解决问题：利用定义求定积分 $\int_0^1 x^2 \mathrm{d}x$ 的值。教师可以引导学生讨论解决此问题的思路：使用数形结合的方式（如图 3 – 5 所示），并利用定积分的几何意义来求解。学生先自行讨论寻找解决方案，最后教师再针对学生不懂的问题进行讲解，从而更好地帮助学生进行大学数学的学习。

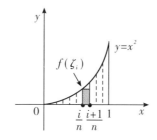

图 3 – 5   数形结合求定积分 $\int_0^1 x^2 \mathrm{d}x$

再例如，在讲授微元法求平面图形的面积时，为了让学生更深刻地理解和掌握微元法并从不同角度去思考和解决问题，教师可以设置一个思考题：求由曲线 $y = x^2$，$x = y^2$ 所围成的平面图形的面积（如图 3 – 6 所示）。针对这个问题，教师设置小组讨论环节，并提问：应该选择哪一个变量为积分变量？有优劣之分吗？让学生分组讨论并比较计算所得，通过一个题目两种不同的解题方法，让学生体会如何选取积分变量，引导学生灵活巧妙地解决问题。通过小组讨论的方式创设教学环境，让学生成为教学活动

的主体，让他们相互交流、相互合作、相互学习，并从中培养学生的团队合作意识，这也是一种潜移默化的思想教育过程，真正做到"思政融于课程，课程承载思政"。

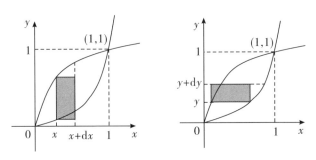

图 3-6   一题两解求平面图形面积

（三）创设师生问答情境，促进学生的学习反思

学习反思是提升学生大学数学学习效果的重要方式。教师在课堂教学中合理分配教学时间，通过师生互动创设活跃开放的学习环境与学习氛围，鼓励学生进行反思，通过师生互动加强指导，向学生提出需改进之处，以帮助学生增长学习经验。例如，教师在讲授微分中值定理时，可以通过提问的方式引导学生发现前后定理的联系与区别；针对微分中值定理的相关证明，可先让学生自主思考和分析，并将不懂的知识点记录下来。随后，教师可以设置不同的问题，用师生问答的方式对一些知识难点展开针对性的讲解，鼓励学生做好反思。教师需加强引导，与学生沟通交流，以提高反思效果、确保教学质量。在反思过程中，学生也能逐步习得踏实专注、知行合一的精神。

上文对问题驱动教学进行了介绍，探讨了问题驱动模型在大学数学教学中的应用。在这个过程中，由于设置的问题均是由教师精心挑选的，可以结合实例以及融入思政元素，在活化课堂教学活动的同时润物无声地进行思政教育。因此，教师可结合实际情况与课程思政要求，对问题驱动教学模式进行合理应用，加强对学生的指导，及时帮助学生解决各类在数学学习中遇到的问题，以便更好地提高学生的数学学习能力与水平，提升大学数学的教学效果。

第三节　基于课程思政的分层教学法的大学数学教学模式

数学课程在大学教育阶段必不可少，然而，有些人认为学好专业知识就可以了，数学课可有可无。笔者认为，数学素养的高低将直接影响大学生今后思想的深度与发展的高度。就其作用而言，数学作为一种通用于所有科研工作的架构，可以说是一种"万能"的工具；从教育学的角度来看，数学教学是指导学生进行科学思考的最佳途径，它的优劣直接关系到高校整体教学质量的高低。农业大学的大学数学是面向农业专业学生开设的公共数学课，对学生的个人发展以及后续专业课程的学习都会起到重要的作用。因此，改革现行的高校数学教学模式、构建适应新时期人才培养要求的新的高校数学教学模式势在必行。

一、大学数学现有教学资源与学生学情分析

（一）大学数学现有教学资源

教材是教学最基础的资源，目前大学数学课程所使用的教材是与国家精品课程以及广东省一流本科课程对应的《大学数学》[57]，入选普通高等教育农业农村部"十三五"规划教材和全国高等农业院校"十三五"规划教材。其主要特点是论述严谨、通俗易懂、注重应用，便于学生学习掌握微积分与线性代数的基本内容和方法。笔者所在的华南农业大学拥有设备齐全、功能齐备的现代化多媒体教室，现代化的教育科技中心、先进的视听制作设备和多媒体课件制作设备可以为教师和学生提供现代化的教学条件。学校公共基础课实验教学中心建筑面积 15 386 平方米，实验室资源统一调配、仪器设备共享，可承担全校公共基础类课程的实验教学任务，为大学数学课程的实践教学提供了充足的条件保障。为了将信息技术与课程教学深度融合，在大学数学教学中，教师运用了多种多样的智慧教学工具与教学资源：第一，制作内容详尽、画面精美的多媒体课件；第二，自建

教学图片素材库以及课程教案资源库；第三，自建教学视频素材库；第四，利用学习强国、人民网、凤凰网、广东省农业农村厅、广东省农科院等网站资源，充分挖掘与课程教学内容密切相关的媒体报道、时政评论、重要讲话等网络资源；第五，充分利用在线教育资源和自建的智慧树"线性代数（华南农业大学）"慕课资源；第六，使用新型教学平台，包括QQ群、微信群、雨课堂、智慧树、在线教育平台等；第七，建立案例素材库，包括自建涵盖科研项目、教学实践、时事热点、行业争议等内容的教学案例素材库以及中国学位教育案例教学中心网站的教学案例素材库。丰富多样的教学资源为"课程思政＋分层教学＋能力训练"的多维教学模式提供了条件。

（二）学生学情现状与分析

大学数学课程面向大一学生开设，而大一的新生常常会陷入迷失的状态，影响其主观能动性的发挥。大一学生没有了升学的压力，缺乏对学习的价值和意义、个人的责任与担当的理性认识。大学数学的内容多、难度大，在思维层面相较于高中数学有跨越式的提升。面对大学数学学习中的困难，学生容易出现消极态度和畏难情绪。大学的教学方法、教学模式、教学手段与高中有较大不同，大学数学课程一般上课时间长、内容多、难度高、节奏快，这使得许多学生处于忙乱状态，一时难以适应，这对学生学好大学数学造成了阻碍。教师要根据学生的实际情况、专业特点，科学有效地分层教学，注重提高学生的逻辑思维能力、综合实践能力、创新创造能力，增强学生的创新意识，引导学生树立正确的价值观。

二、大学数学教学中应用分层教学法的教育理论基础及实践效果

在中国，因材施教和量体裁衣是历史悠久的分层次的教育理念；在国外，也有一些具有代表意义的学说，比如美国心理学家和教育家布鲁姆提出的掌握学习理论，该理论认为只要给学生足够的时间，他们就能将所教授的知识都学会。苏联教育家巴班斯基的教学最佳化理论也是重要的理论依据。这一理论解释了教学流程的最佳化，即选择一种可以让教师和学生在最短的时间和最少的努力下，得到最佳的教学结果的教学方法，并将其

付诸实施。苏霍姆林斯基是苏联教育家，其核心理论有关人的全面、协调发展。上述的教育理论为实施分层次教学奠定了坚实的基础。

　　许多高校在数学课程教学中都会使用分层教学法。由于学生来自祖国的四面八方，他们的成长背景和经历都会有很大的差别，并且不同学生的数学成绩也会出现参差不齐的状况。因此，分层教学法就是将学生各方面的特点相结合，对其进行有效的分班，并对教学内容进行科学的调整，这样可以在一定程度上提升学生学习大学阶段的数学课程的兴趣，同时还可以解决学生之间个体差异所带来的问题。分层教学法可以根据学生的个体发展需要，采用多元化的形式对教学内容进行有效分层，其目标是提升学生的学习效果。大学数学课程也可根据学生的数学基础和学习能力进行分层教学。笔者所在的学校将大学数学的教学班分为了普通班、丁颖实验班、农学创新班、国际班四种班型，学校根据学生的实际情况、专业特点、未来发展需要等综合因素设置教学目标、教学任务、教学内容、教学方式以及评价体系，科学合理地实施分层教学。笔者经过多年的教学实践发现，大学数学课程采用分层教学模式对于提高学生的数学学习能力、运用数学知识解决实际问题的应用能力与促进个人学业发展等方面均有良好效果。这符合新时代高等教育改革的需要，能为培养复合型创新拔尖人才提供基础保障。[58]

三、基于课程思政的大学数学分层教学实施方案

（一）分层结构

　　层次结构是实现层次教学的重要保证。教师应根据学生的学习特征和专业状况，对其进行科学、合理的分类。农业院校的大学数学课程面向农业专业学生开设，每个专业对数学学习的深度和广度以及软件掌握等的要求不同，高校根据这些不同的需求，结合实际情况进行分班教学，目前华南农业大学的大学数学的班型主要有普通班、丁颖实验班、农学创新班、国际班四种班型。不同班型的教学侧重点不同，比如国际班采用双语教学，注重国际教学模式；丁颖班加深理论难度以及重视实践应用能力培养；农学创新班重视培养创新能力与实际运用能力；普通班重视数学知识的基础性学习与应用。尽管在不同班级里，教学目标和教学内容各不相

同,但是教学的主要目的都是要为学生建立一个比较宽广的知识结构,以便能够满足现代农业、生物科学技术、信息科学技术等领域对人才在数学知识、能力和素质方面的需求,并为学生后续课程的学习和应用数学知识解决实际问题打下良好的数学基础。

(二)分层教学目标

大学数学分层教学目标以知识的应用能力为原则,通过对数学概念的抽象形成、数学理论的推演论证、数学公式的构建运用等内容的教授,培养学生的数学核心素养——数学直觉、数学思辨、数学演算;培养学生的抽象思维、逻辑推理、运算、自主获取知识、分析问题、解决问题的能力。针对学科特色,教师加强对学生逻辑思维能力的训练,着重对其运用数学知识解决学科中的实际问题的能力进行训练。分层教学可帮助学生深刻理解相关理论,激发学生的探知欲望。在教学过程中,教师结合大学数学在自然科学和社会科学中的实际应用,鼓励学生关注现代社会发展和科技发展中数学理论的现实应用,激发学生学以致用的实践创新热情。分层教学还注重理论与实践相结合,利用数学软件编程模拟课程中涉及的各种图像和动画,强化学生的动手能力和实践能力,激发学生的学习热情,努力培养学生的数学建模等实践创新能力。在大学数学分层教学中,要有明确的目标,要与现代高校教学改革相适应,既要提高学生的知识运用能力,又要为学生后续的课程学习奠定基础。阅读、整理与运用文献是大学本科学生的一项主要学习能力,也是所有普通与特殊学科学生学习的基础。因此,在大学数学课程的教学过程中,教师要有意识地对学生进行示范、引导和训练,让他们在没有教师的情况下也可以进行自主学习、自主研究,从而培养出学生终身学习的能力。

此外,大学数学还注重达成立德树人的思政目标,在教学内容中有机融入思政内容,在学生内心厚植家国情怀,激发其爱国热情;注重培养学生服务"三农"的意识,引导学生勇于承担"强农兴农"的时代责任;鼓励学生求真务实、开拓创新,不断提升其科学素养和综合能力。

(三)分层教学模式

分层教学模式属于一种新的教学模式,它是一种在高校教学改革中经常被使用的教学模式,以学生的需求、特点和发展方向为依据,采取多种形式进行科学高效的分层。在各个级段上，学生的学习能力存在着差异，因此要制定出相应的教学目标和教学内容，并采用相应的教学方式，其目的是要全方位提升学生对大学数学知识的应用能力，让他们能够将数学知识运用到具体的工作中解决实际问题。大学数学课程从教学方法、教学活动、实践活动等方面探索课程思政的多元化教学模式。分层教学通过教师讲授与学生专题讨论相结合、线上与线下相结合、理论教学与实践活动相结合、课内集中授课与课外学生自主学习相结合等方式，将思政要素穿插和融入对专业知识的学习中，做到"思政寓于课程，课程融于思政"。

（四）分层评价方式

在大学数学教学中采用分层教学模式，已经被证实是一种适应现代高等教育发展需求的方法。测试结果是决定教学效果的一个重要因素，因此我们要用测试方法来推动测试结果的变化。大学数学是农业专业的一门重要的通识类必修课，它是学生学习后续数学课程的基础，也是农业专业后期各系列课程学习的基础。为更好地满足后续课程的需求、加强学生的能力和素质培养，我们构建了基于课程思政的理论与应用实践并重的分层评价体系。

1. 课程评价方法

大学数学课程分层评价分为三个方面：

第一，课前诊断性评价。课前通过查阅本科生培养方案了解学生以往的上课经历，重点关注学生课程设置情况以及知识储备。此外，还可以通过座谈或者问卷等方式来评价学生的知识基础、学习特征、学习动机、学习态度和学习方法等情况。

第二，课中形成性评价。基于课堂实时收集的数据信息，综合评价课堂教学效果，为学生课后复习提出针对性建议。主要评价方式包括：①课堂提问与讨论。在课堂教学过程中进行多次提问和广泛讨论，详细记录和收集学生回答问题的情况，着重分析学生对每节课的教学重点和难点内容的掌握情况。问题是由教师精心设计的，将本堂课的内容与思政元素有机融合，在进行师生互动的同时，润物无声地传达思政内容，实现价值引领与思想教育目的。②课堂测验，即通过线上（邮件、QQ 群、微信群、智慧树等）或线下方式发布课堂测验试题，让学生限时作答，以期客观评价学生对基本概念、理论、方法的掌握情况。

第三，课后总结性评价。教师通过构建"课后习题＋课后测验＋学习报告＋阅读文献＋视频学习＋期末考试"的多元考核体系，以期系统评价学生的学习效果和知识掌握情况。其中，课后习题是针对每门课程布置的相应线上或线下的课后习题，要求学生按时独立完成并且提交，教师通过作业完成情况进一步了解学生对于知识的掌握情况；课后测验为课后通过线上或线下方式发布的试题，督促学生及时复习所学内容，阶段性评测学生的理论知识掌握情况；学习报告是根据教学进展情况布置学生写的阶段性学习报告，评测学生掌握理论知识体系以及理论联系实际的情况；阅读文献是根据教学情况布置学生课后查阅文献资料的任务，以帮助其了解相关的数学史、数学理论应用、数学发展前沿等知识；视频学习则是配合课堂教学内容布置学生自主学习慕课等课程视频的任务；期末考试是在课程全部结束后进行的闭卷考试，全面评价学生的理论知识水平。

2. 课程考核体系

教师通过线上或线下方式灵活进行课堂考勤，发起课堂讨论，布置课后作业，布置课后文献阅读、视频学习、撰写学习报告的任务，发布课堂测验，组织期末闭卷考试，对学生的知识、技能、能力、素养进行分层评价。课程考核体系如表 3-1 所示。

表 3-1　课程考核体系

成绩评定	评价方式	评价目标
平时成绩（50%）	课堂考勤（5%）	学习态度、学习素养、个人诚信
	课堂提问与讨论（5%）	口头表达能力、沟通能力、思政目标
	课堂测验（闭卷）（10%）	知识、独立思考能力、个人诚信
	课后习题（15%）	知识、应用技能（图像处理、分析）
	课后测验（5%）	知识、独立思考能力、自主学习能力
	学习报告（5%）	知识、文学和数学素养、综合能力
	文献阅读、视频学习（5%）	知识、自主学习能力、思政目标
期末成绩（50%）	期末考试（闭卷）（50%）	知识、独立思考能力、综合能力

第四节　基于课程思政的大学数学互动式教学模式

课堂是教师和学生之间进行交流互动的重要平台，也是促进沟通和互动的主要场所。课堂教学具有开放和双向互动的特点，可以促进教学活动的高效开展。在数学课程中，问题是一种能促进师生间沟通的重要载体，也是一种让数学教师进行教学的有效手段，更是一种教学对策的重要形式。利用问题载体的互动教学可以促进师生互动和生生互动，从而使教学气氛更加活跃，提升教学效果。

一、互动式课堂教学的特征

（一）交互性

交互性指的是师生之间的影响和作用。在教学过程中，师生之间的互动不是单向的，而是双向的，彼此的行动和反应会相互影响。例如，在数学课堂上，教师可以评价学生，从而影响他们的认知和情绪，而学生也可以通过心理体验和心理状态给教师提供反馈，实现相互交流和相互影响，以促进课堂的进一步发展。这种互动关系是循环的，呈现链状，而不是断断续续或一次性的。

（二）开放性

课堂教学具有开放性，这意味着师生之间的沟通和交流是开放的。有时候，学生可能会有一些特定的想法，这些想法可能不在教师事先设定的教学计划中。在实现预设目标的过程中，教师需要根据经验进行灵活教学。在互动教学中，教师应该勇于即兴演绎，超越预先设定的目标。互动教学的开放性意味着教师和学生的思维都处于活跃状态，无法预料问题和结果，其中充满未知元素。

（三）动态生成性

在教学过程中，教师与学生之间的相互作用可以促进学生的个性发展和成长。教师与学生之间的交往具有动态生成的特征。在课堂中，互动的内容和形式会随着学生的特点、参与形式和参与数量的改变而不断变化。在课堂上，对于学生是否愿意与教师互动，以及如何开始互动，教师许多时候是无法预测的。师生互动指的是师生双方对彼此定义并进行交流的一个过程。在课堂互动过程中，教师需要根据教学内容和主题，及时地调整互动内容和互动方式，只有这样，才能获得最好的互动形式，从而实现知识的动态生成。

（四）反思性

学生的学习实际上是一个能动的建构过程。学生并不是被动地接受外部信息，而是根据自身已有知识结构，主动对外部信息进行选择和加工。这就要求学生在学习的时候对自己的学习过程进行反思，及时发现自己的不足，并加以弥补。此外，在教学过程中，教师要充分考虑学生在互动过程中的表现，并及时对互动策略进行调整，从而为学生创造出更好的学习情境，达到与学生有效互动的目标。

二、基于课程思政的大学数学互动课堂教学实践形式

在大学数学的互动教学中，教师通常采用问题教学的方法，在引入新课内容时设置问题，以激发学生的探索欲望和学习兴趣，从而提高他们在课堂上的学习效率。因此，在实施大学数学互动式课堂教学时，教师不仅与学生在课堂上进行教学互动，还与学生进行教学评价和教学反思的互动，以多维度地开展互动式的教学。[59] 在大学数学课堂上教师和学生通过互动探索所学内容，完成教学预定任务。

例如，在讲授多元函数的条件极值与最值时，为了调动学生学习的积极性，教师设计了一个生活中的应用实例，并提问：现在要用铁皮做一个体积为 $2m^3$ 的有盖长方体水箱，当长宽高各取怎样的尺寸时，水箱的用料最省（如图 3-7 所示）？教师通过循序渐进、逐层深入地提问，引导学生分析问题中包含的关键信息，结合教材中的内容开展教学，使学生掌握其

中的知识点以及数量关系，进而为解题思路的探寻打好基础。教师通过不断引导，让学生最终找到解决问题的方法，并引出课堂的教学内容。在课堂上，教师要通过精心的设计为学生提供一个良好的互动环境。在进行互动式课堂教学时，教师对问题所具备的条件内容的感知是互动教学的起点，也是问题教学取得成效的关键。互动教学不仅可以活跃课堂气氛，还能让学生亲身感受教师的个人魅力、文化修养等，从而实现春风化雨的价值引领。

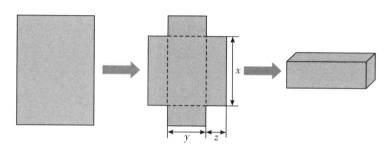

图 3-7　水箱体积问题

数学教师在讲授微积分时，可以首先介绍相关科学家的感人故事和微积分的发展历史，利用科学家的故事和数学发展史与学生进行教学互动，营造大学数学课堂的活跃气氛，为学生对这部分内容的深入学习打下基础。比如，教师在讲授微分学的时候，可以从物理中的匀加速运动开始，引入微分学的发展历史，使学生对微分学产生浓厚的兴趣；在讲授积分的时候，可以介绍我国著名的数学家祖暅，他用误差互补的原则推导出了一个圆球的体积公式，这也是一种积分的思想。

教师可以深度运用信息化的教学手段，把数学学科与信息科学、生物科学、现代农业等现代科学技术交叉融合的研究热点与最具代表性的研究成果制成课件、视频、图片资料等教学资源，并展示给学生，创设积极有效的互动机会，使学生及时了解到最新的知识、接触学术前沿领域，激发学生的学习动力。教师还可以设置让学生参与的课堂专题讨论等互动教学形式，以增强学生学习的主动性，提高学生查阅文献、PPT 制作、语言表达、逻辑思维、抽象思维以及综合分析问题的能力，增强学生的团队意识，培养学生团结协作的精神，促进教与学之间的互动，活跃课堂教学气氛，有效提高课堂教学质量。例如教师讲授极限思想以及无穷小量时，让学生通过查阅资料了解世界数学史上第一次、第二次数学危机的产生和解决的情况，让学生从数学家们坚持不懈、敢于质疑、迎难而上、不屈不挠的科学精神等方面谈收获；在讲授线性方程组时，给学生展示线性方程组的求解在优化物资配置中的应用，培养学生理论联系实际、学以致用、知行合一的精神。

开展多维教学互动，师生可以进行全方位、多角度、多维的互动，提高互动质量。在教学中，教师应将教学的主动权还给学生，使他们在课堂上发挥自己的作用。教师可以利用现有的大学数学教学资源或是借助图片和视频，以及利用微课、慕课等资源开展翻转课堂；提前布置预习任务，把微课或者慕课资源提供给学生（如图3-8所示），让学生在课前学习基础知识，然后在课上讨论重点，这样既能提高课堂教学效率，又能增强学生自主学习的能力。例如在学习空间解析几何这一内容时，对于锥面、柱面、抛物面等特殊的曲面，学生单纯进行图形想象是非常困难的，这时教师可以采用互动教学模式，利用多媒体进行动态图形展示，让学生直观感受这些内容，使他们对曲面图形形成空间印象并领悟其要义，进而提升互动教学的品质。

图3-8   大学数学慕课平台

在实施交互式教学后，及时对其进行评估是加强交互性的重要步骤。在师生互动过程中，教师可以控制互动的节奏，评价学生的参与情况，使学生对互动的优点和不足有所认识，有助于进一步提升教学成效。及时评价师生互动能够提高互动质量。除此之外，大学生还可对教学和自身学习进行评价，实现师生之间的互动、交流，加深双方的了解，并从实践中获得经验和智慧，使交互更加有效。

在数学课堂上，如果教师只是简单地将知识装入学生的大脑，而没有在课堂上与学生进行互动或与学生进行心灵交流，就很难在实践教学中获得互动智慧。因此，教师只有及时进行教学评价、增长互动智慧，才能提高教学质量并实现价值引领。学生学习数学知识的过程是一个不断强化和循序渐进的过程。如果学生不能在数学课上进行有效的、及时的反思，对自己的学习作出一个客观的评估，这样的学习必然会变得僵硬和机械，同时学生也很难在以后的学习中将这些知识灵活应用。

综合上述观点，互动式的课堂教学在大学数学教学中具备互动性、开放性、动态生成性和反思性等特点，因此运用这种教学方式变得极为重要。教师可以通过巧妙设计教学环节，建立起互动的基础，从而开展多维的教学互动，在与学生交流互动的过程中，将讲授的数学知识与思想政治教育巧妙地融合起来，这样不但可以提高互动质量，还可以达到理想的思政效果。需要指出的是，在互动教学过程中，教师要适时地进行教学评价，加强互动，还要重视教学反思，关注互动的学生，只有这样才可以营造出一个良好的课堂气氛，让学生更好地了解数学内容，从而有效地提高数学教学的整体质量。

第四章

课程思政与大学数学教学融合的创新研究

随着科学技术的迅猛发展，数学的思想、方法和技术在许多领域都发挥着越来越重要的作用，这对大学数学的教学提出了更高要求。因此，为了提升大学数学课堂教学的效率和质量，我们需要重视数学教育、坚守教育质量，以培养新时代具有创新能力的复合型人才。数学课堂教学作为数学教育的一个重要载体和渠道，需要结合各个专业的培养目标来制订教学方案。在设计教学方案时，教师应选择合适的教学模式和教学方法，并将课程思政与大学数学教学有机融合起来，从而实现"课程承载思政，思政寓于课程"的教学目标。通过这种方式，教师可以提升数学课堂教学的效果，增强学生的思政意识，培养具有综合素质和创新能力的人才。

第一节　基于课程思政的大学数学教学与学生专业的融合

大学数学是高等教育体系中非常重要的一门基础课程，大学数学的学习对学生后续专业课程的学习以及职业发展有重要的作用。因此，大学数学与学生专业融合可以使大学数学课程内容更具先进性、前沿性、互动性，体现数学与各专业交叉融合的特点，有利于学生用数学的理论、方法、技巧解决专业中遇到的难题。接下来，笔者将根据目前国内高等院校的数学教学现状，并结合笔者所在学校的实际，从学生专业发展的角度来探讨怎样才能根据学生的专业特点有针对性地进行教学，从而提高大学数学的教学质量，实现大学数学与专业的融合。

大学阶段的数学知识在工学、理学以及经济学等领域皆具有重要作用，因此高等院校的数学教学应与专业课程紧密联系起来，促进学生对专业课程的学习。笔者主讲的大学数学课程面向华南农业大学农业（包括农林牧渔）专业学生开设，2021 年作为广东省省级一流课程立项建设。本课程不但将重点放在了对大学数学的基本概念、基本理论和基本方法的讲授上，还将农业、生态、现代生物等领域的特色案例融入教学内容之中，并将数学建模思想融入其中，重点突出数学在现代农业与现代生物领域中的实践与应用，而且课程内容有机融入"四个自信"、家国情怀、科技报国、中华民族伟大复兴、社会主义核心价值观等思政元素，重视在教学中对学生进行培根铸魂与价值观引领，为培养具有国际前沿视野、科技创新能力和服务"三农"信念的高素质复合型人才打下基础。

一、基于课程思政的大学数学教学与学生专业融合的价值

大学数学中的很多知识点对学生的专业学习都很重要，很多学生在学习后续专业课程时都要运用大学数学的知识和方法。笔者以各专业对大学数学知识的实际需求为依据，结合学生的专业特点与需要，选择适当的教材与教学资源，改变传统的大学数学教学模式，有针对性地进行大学数学教学，实现大学数学教学与学生专业的融合，为学生学习农业专业打下良好的基础。

对于农业专业的学生而言，大学数学的数学思想、数学原理以及数学分析方法均会在其后续的专业课程中不断出现，特别是在现代信息技术飞速发展的今天，将数学建模的方法运用在专业学习中，将大幅提升专业学习的效率和效果。因此，在学习大学数学的时候，学生应该掌握各种问题的处理技巧，对数学的思维和逻辑推理方法有一个全面的了解，为后续专业课程的学习打下良好的基础。教师在进行教学时，要考虑思政的作用，在教学中深挖思政资源与思政要素，潜移默化地进行思想教育，巧妙地将知识探究和价值引领相结合。

综上所述，大学数学教学应转变传统的教学方式，不仅要给学生传授数学知识，还应该结合学生专业的实际情况，将大学数学课程打造成专业基础课程，让学生清楚认识学习大学数学的意义，并在专业领域中用数学的思想解决专业问题，从而达到"一览众山小"的效果。学生应学会应用数学的理论、知识和方法，真正学好数学、用好数学。教师要在教学中将数学知识与思政内容有机结合，注重思想与价值的塑造与引领，即用科学的思维赋能专业的学习与发展，用先进的技术提升专业研究的实力。

二、基于课程思政的大学数学教学与学生专业融合的模式

大学数学将立德树人的教育目标与创新相结合，应实现国家对高质量、高水平、有创新意识、有创新能力的人才的培养目标；应实现教学方

法与教学模式的改革与探索；应基于学生的专业特点和专业需要，对标"五位一体"的育人目标，从问题出发，以课程思政融入教学内容、教学过程、教学评价为重点环节，构建先进的大学数学教学模式。

当前，高校数学教学存在着"分级分层"和"与专业课程紧密结合"两种模式。前者的优点是考虑了学生的个性差异，对提高个人的知识水平和数学能力有很大的帮助。一些学者提出，分层教学的内容和方法等方面都更重视个人个性的张扬，将个人看作教学的主体，对分层教学的目标和实施策略进行设计。后者的目的是将基础课程与专业课程进行有机结合，把大学数学课程和专业课程联系起来，并坚持以人为本的原则，指导学生运用数学知识来解决专业的实际问题。

这两种教学模式各有千秋，无论哪一种都离不开专业课程与大学数学课程的深度融合，这就意味着大学数学教学不能脱离专业发展，要在教育体系中找好自身的定位，从后续专业课程学习需求、学生现阶段学习水平等入手，紧密关注农业专业的发展动态以及前沿信息，在教学中将最新的专业发展动态与研究融入教学内容，这对大学数学的任课教师提出了新的要求。在大学数学教学过程中，要把数学内容和相关的专业知识相结合，充分挖掘大学数学知识的实用价值，确保大学数学教学能够满足学生的专业学习和职业发展的需要。

三、基于课程思政的大学数学教学与学生专业融合的有效措施

（一）激发学生学习动力，融合专业实际案例

目前，部分大学生对数学的学习兴趣不高、畏难情绪严重、缺乏学习动力以及科学的学习方法，这是当前高校数学教学中存在的主要问题。大部分学生的学习自主性不足，没有养成良好的学习习惯，在课堂上很难跟上教师的教学节奏，对课程知识的理解也不够深入。因此，教师在教学中要结合与专业相关的实例，创设教学情境，提升学生的学习兴趣与学习积极性。例如，在教授导数概念时，教师可以用跳水比赛的实例作为教学引例，激发学生的求知欲。而且针对不同专业，教师还可以增加一些特定的教学案例。例如，针对生物专业的学生，可以用动物的平均生长与瞬时生

长的关系来引出导数；针对林学专业的学生，可用树种的选择案例引出定积分的微元法；针对园艺专业的学生，可以用品种优化案例引出多元函数的极值问题……这样的例子数不胜数，通过不同的专业方面的实例引导学生理解数学概念，使大学数学教学内容更加贴近专业，让学生感觉到数学的作用，从而提升他们学习大学数学的积极性和内在动力。在案例选择时尽可能地融入思政元素，不仅可以丰富教学内容，还能潜移默化地进行思想教育。

（二）树立专业服务理念，注重课程体系革新

在整个教学过程中，大学数学教师应该树立起大学数学要为专业学习服务的教育思想，把大学数学的教学目的定位为为专业学习服务，把自己的学科优势作为服务专业课程的突破口，从而突破大学数学课程不成系统的现状，跳出数学学科的限制。大学数学的教学必须进入专业的课程体系之中，以数学知识与有关的专业问题为基础，充分利用大学数学在各专业中的工具性价值，以专业为中心对教学内容进行选择，明确大学数学在不同专业中的教学侧重点。例如，大学数学课程为农业专业课程服务时，就可以采用农业、生态、现代生物等领域的特色案例，融入数学建模思想，重点突出数学在现代农业与现代生物领域中的实践与应用，并在课程内容中有机融入"四个自信"、家国情怀、科技报国、中华民族伟大复兴、社会主义核心价值观等思政元素，重视在教学中对学生进行培根铸魂与价值观引领。

（三）结合专业制定教学大纲，实现课程连贯性教学

许多专业课程的教学都具有连续性。因此，将大学数学课程与学生的专业相结合，也要以后续专业课程的安排为着眼点，制定与专业知识结构和基础知识相适应的教学大纲，并对教学计划进行合理安排。大学数学教师应该与专业教师进行深入的沟通，扩大与学生的交流，并通过各种途径对相关专业毕业的学生的实际工作和深造情况进行了解，以学生专业发展的实际需要为依据来制定教学大纲；同时要将课程内容与专业的实际问题相结合，从而使学生能够从自己的专业角度对大学数学知识进行学习和运用，真正把大学数学课程和专业课程联系在一起，为学生将来的专业学习打下良好的基础。

综合来看，大学数学课程在专业课程中的价值在于与专业知识的融合。为了实现这种融合，教师在讲解数学知识时应结合相关的专业问题，而不是将数学知识和专业知识割裂开来。这样可以打破课程间的壁垒，促进学生对数学知识的理解和应用。

第二节　基于课程思政的大学数学教学与数学建模思想的融合

大学数学在整个数学领域中占据着十分重要的地位，它具有严谨的逻辑并被广泛应用，是人们在生活、工作和学习中的重要工具。而数学建模最重要的目的就是让学生利用抽象和归纳的方式，将现实中的问题构建成可以用数学语言表达出来的数学模型[60]，从而成功地解决问题。在建立数学模型和解决实际问题的过程中，学生还可以锻炼和发展数学思维和应用能力。在高校数学教学中，怎样才能更好地提高学生的数学建模能力，是一个值得探讨的问题。

与此同时，如何在数学建模中有机融入课程思政，使价值引领与能力培养同向同行、协同育人，也是教师们需要积极探索的另一个课题。

一、大学数学教学中数学建模意识的培养

（一）在概念讲解中挖掘数学建模思想

在讲解大学数学的概念和定义时，教师应该重视挖掘数学建模思想。无论是哪个学科的知识，其概念和定义都是通过观察、分析、归纳和提炼客观事物或普遍现象得出的结论。大学数学作为一门逻辑与应用并重的工具科学，它的概念和定义是从具体的数量关系和空间形态中抽象出来的。因此，大学数学本身就蕴含并体现了经典的数学建模思想。在教学过程中，教师可以借助实际背景或实例来讲解实际问题到抽象概念的形成过程，让学生更好地理解数学建模思想。这种方法不仅可以帮助学生逐渐树立起数学建模意识，还有助于他们理解和掌握数学的概念和定义。教师通

过把数学建模思想与具体例子相结合，可以使学生更好地理解抽象的数学概念，并将其应用于实际问题中。

当学习极限的定义时，如果教师仅仅传授理论知识，许多学生可能会因为极限的抽象性而感到枯燥，甚至会产生退缩的情绪。这不仅不利于学生掌握极限的相关知识，也不能使其真正理解极限的含义。在这种情况下，教师可以通过引入极限的发展历史和实际背景等内容结合实例开展教学。例如，教师可以提到我国古代的"一尺之棰，日取其半，万世不竭"的说法，其中包含了深刻的极限思想。又如古代数学家刘徽利用割圆术求圆的面积，实际上也运用了极限思想。此外，教师还可以借助数学软件，通过实验数据和数学建模制作动画，让学生观察坐标曲线上点的变化等，从而展示极限的直观描述，并进一步归纳、抽象、总结出极限的精确定义。

再如，在讲解微分方程时，教师可以提供长白山地区柏树生长的历史数据，让学生推断柏树未来的生长情况，这就是一个利用实际问题激发学生学习兴趣的案例，之后教师可以从微分方程的定义入手，讲解微分方程的相关内容。这样不仅能使学生相对轻松地掌握定义，更能使其体会数学建模思想，从而加强其数学建模意识的培养。而且在整个过程中，学生积极参与、积极思考，本着求真务实的态度面对科学问题，教师也向学生传递了踏实勤奋、严谨治学的科学精神，即在数学知识的讲解中向学生传递数学建模思想，并巧妙地进行了思想的教育与激励。

（二）在定理讲授中示范数学建模方法

在新时代，国家需要具备综合素质和创新能力、能够适应时代发展的需要、为社会和国家的发展作出贡献的人才。这一需求为大学数学的人才培养指明了方向。在大学数学的课程教学中，教师不仅要注重理论的传授，还要十分重视理论联系实际的应用，培养学生的实际应用能力。大学数学中有很多重要的定理及公式，学生需要在理解的基础上掌握其原理、应用条件和应用方法，并能利用定理及公式解决一些相关的实际问题，这是学生学习大学数学后应具备的基本能力之一。在运用数学定理解决实际问题时需要将其转化，把抽象的理论与实际问题结合，这个转化可以通过数学建模来实现。因此，教师在日常教学中进行定理及公式的讲授时，应注意选择一些实际问题作为数学建模的载体，并进行详细而深入的建模示范，这样就能在学生刚开始接触相关定理和公式时培养其数学建模思想的应用意识和能力。这可以说是培养学生数学建模意识的关键环节和有效途径，是促进学生形成数学建模意识的直接手段。如能长期以这种理论联系实际的方式对学生加以熏陶，无疑能使学生在潜移默化中增强数学建模意识和数学应用能力。

例如，一元函数介值定理是大学数学中的重要定理之一，其应用也比较广泛。在讲授此定理时教师可以恰当地引入有代表性的实际问题进行建模示范。教师可以用椅子问题引入：将一把四条腿的椅子置于一个凹凸不平的平面，请问椅子的四条腿是否有同时着地的可能？教师提出问题后可以带领学生分析问题，将这个实际问题抽象成数学问题，随后教师示范建模并加以证明。在此过程中，学生对抽象的介值定理有了更深层次的理解，同时体会了数学建模的应用和价值，尤其是如何用数学语言描述实际问题，从而学会更好地建立数学模型，这能在一定程度上提升学生分析问题和解决问题的能力。

（三）在练习中引导学生感悟数学建模的应用

俗话说"实践出真知"，学生只有不断地应用演练，才能真正树立起数学建模的意识，切实体会数学建模的思想，逐步掌握数学建模的方法。在这一点上，解决实际问题无疑是最佳的实践方式，其主要功能是提高学生在实践中运用所学知识的能力。因此，教师在教学中应准备丰富的数学建模的实际问题，尤其是能凸显数学建模思想与方法的数学应用题目，在讲授相关数学理论后，选取经典的实际问题供学生练习和提升，即教师先分析、归纳和抽象构建数学模型，再让学生运用数学知识解决问题，这是对学生数学建模意识的有效补充，值得教师高度重视。

比如，与导数相关的实际应用问题有经济学中的边际分析、弹性问题、征税问题模型等；与定积分相关的实际应用问题有资金流量的现值和未求值模型、学习曲线模型等；在微分方程方面，有关问题主要包括马尔萨斯的人口模型、组织生长模型、可再生资源的管理与发展的数学模型。

总之，可用于学习、练习数学建模的经典实际应用问题有很多，教师应合理选取并重点讲解，增强学生的数学建模能力和解决问题的能力，使其取得进步和发展。

（四）在数学建模的应用中渗透课程思政

教师在选择数学建模的经典题目时，可以有机融入课程思政的元素与资源，学生在解决实际问题的过程中会自然而然地感受到"四个自信"、家国情怀、科技报国、中华民族伟大复兴、社会主义核心价值观等思政元素。例如，在运用再生资源的管理和开发的数学模型时，教师可以将生态文明建设、"绿水青山就是金山银山"等思政内容融入其中，让学生在潜移默化中接受思政教育。同时，数学建模的过程本身就是一种很好的思政教育，因为在数学建模的过程中，学生会面对问题与困难，此时教师就要鼓励学生不放弃、不退缩，为学生树立不怕困难、勇往直前的榜样，培养学生迎难而上、开拓创新的精神。

总而言之，上文就培养学生数学建模的意识方面谈到了四个问题，分别是在概念讲解中挖掘数学建模思想、在定理讲授中示范数学建模方法、在练习中引导学生感悟数学建模的应用、在数学建模的应用中渗透课程思政。当然，培养学生的数学建模意识是一个有一定深度和广度的课题。在教学实践中，教师要积极地进行探索，对知识进行深入研究并善于总结，才能找到更多更有效的策略及方法。

二、大学数学教学中数学建模思想的渗透与培养

要提高大学生的数学建模水平，就要不断提高其数学建模思维水平。当知识积累到一定程度，就会产生质的变化，进而形成理性的知识，这就是数学建模的思想。随着思维层次和认知能力的提升，学生的数学建模能力会逐步形成。将数学建模思想融入大学数学教学中，不仅能够让学生对数学知识有更深的了解，还对培养学生的创新能力有很大的帮助。数学建模思想可以帮助学生用数学的方法解决实际问题，这使学生具备可持续发展能力。大学数学教学中有效渗透和培养数学建模思想的方法如下：

（一）构建数学建模思想体系

要使数学建模思想真正地融入大学数学教育，就必须建立起一套完整的数学建模思想体系。最基础的环节是教师在教学过程中通过实际案例与应用问题让学生感受数学建模的实际应用，并通过教材知识使学生掌握数

学建模的思想及相关概念，逐渐传达数学建模思想，帮助学生理解和构建数学建模的知识系统。当数学建模思想体系逐渐完备后，学生的数学建模意识也将逐渐形成，从而提高学生数学建模的执行效率。

（二）与实际问题相结合

要把数学模型的思想应用于实践，就必须把数学模型的思想和现实问题密切结合起来。在教学过程中，教师可以通过多种方式展示数学建模的实质，并将其与学生所提出的实际问题相结合。例如，针对北方双层玻璃问题，教师可以引导学生有效地创建与玻璃、空气间层和热量散失之间的关系有关的数学模型，并总结假设的因素、变量、常量以及它们之间的数学符号关系。接着，教师可以将双层玻璃的热量流失情况与单层玻璃的热量流失情况进行比较，让学生了解生活与数学知识之间的联系。通过这样的学习方式，学生可以正确地应用数学知识解决实际问题，提升他们解决实际问题的能力，并为其今后继续学习数学提供动力。

（三）将数学建模思想融入新知识中

教师应有意识地培养学生将新知识转化为实际应用的能力，整合教学内容，从实际应用问题入手引出新知识，用实际案例的解决方法设置悬念，激发学生的求知欲与好奇心，再引出相应的定理、性质、公式等，最后引导学生通过数学建模的方法运用所学习的新知识解决之前留下的问题，从而形成教学闭环：发现问题—构建知识体系—建立模型—解决问题。比如在学习极限时，教师可以先为学生介绍相关知识背景，随后利用实际案例对数列极限进行讲解，再运用数学建模的方法生成动画，向学生直观展示数列极限的本质含义；再如，讲解定积分的概念时，教师可以运用数学建模的方法精准呈现"分割—近似—求和—取极限"四个步骤，以帮助学生更好地掌握定积分的概念，使其从本质上理解定积分。

（四）在小结中提炼数学建模思想的方法

数学建模思想是学生将数学知识转换为数学能力的重要纽带。在大学数学教学中，同一问题可以涉及不同的数学模型思维和方法。教师在对各种教学内容进行归纳总结时，利用思维提纯等方法，可以为学生找到一条捷径，从而使他们对所学知识的认识产生质的提升。学生要注重运用数学建模的思想和方法来处理各种实际问题，最终实现知识与能力的双重提升。

笔者认为，在大学数学的教学中，教师应注意在课程总结中对数学建模的思想和方法进行提炼。这就要求教师有针对性地、有标准地、有计划地、有目标地对学生进行渗透。除此之外，在教授大学数学知识时，教师也应该将数学建模的思想方法融入其中，指导学生利用相关的数学知识展开联系和思考，并利用数学建模的方法来解决实际问题。

第三节　基于课程思政的大学数学教学与信息技术的融合

如今，高速发展的信息技术不仅给人们的社会生活方式带来了革命性的影响，而且对学校教育提出了新的挑战。

当谷歌的人工智能 AlphaGo 轻松战胜韩国围棋高手时，有人提出要研发人工智能机器人替代教师给学生上课，甚至有人认为以后的教育完全可以由机器人来完成，教师将不再被需要。但是从现实情况以及一系列的研究来看，现行的教育方式并未因为信息技术的出现而发生根本性改变。国际教育成就评价研究协会对 12 个国家和地区信息化教学应用情况调查的结果显示，平均只有 49% 的数学课堂和 62% 的科学课堂应用了信息技术，虽然这些教育系统几乎都具备了计算机和因特网。笔者从事大学数学教育工作十余年，注意到虽然中国教育大力倡导教育信息化，但是大学数学课堂教学仍然在走传统课堂教学模式的老路。我们需重新审视和思考在"互联网＋"时代大学数学课堂教学的问题和变革方向，构建和谐开放、灵活多元、"重基础宽口径"的大学数学课堂教学模式，从而更好地向学生传导数学思想，培养学生的高阶思维能力、创新能力与实践能力。

一、基于课程思政的大学数学教学与信息技术的融合意义

《教育信息化十年发展规划（2011—2020 年）》提到信息化对教育发展的革命性影响，将"教育信息化建设"列为十大重点项目之一，并特别提出两大"创新"，即信息化教学与学习方式创新、人才培养模式创新。在此教育政策和创新思想引领下，大学数学教育让现代信息技术介入课堂教学，通过优化教育资源配置，让教学方式多元化、教学内容情境化、教学半径扩大化，从而建立和谐开放、灵活多元、"重基础宽口径"的大学数学课堂教学模式。显然，"互联网＋"时代的课堂教学带有明显的技术性，可是技术的介入并非要塑造标准化的教学流程，而是把教师从机械重复的劳动中解放出来，让他们把更多的精力用于了解学生的学情、更好地与学生交流沟通以及开展课堂教学创新工作。裴娣娜教授认为："说到底，现代化是人的现代化。教育现代化的终极价值判断是人的发展，是人的解放和主体性的跃升。"衡量信息化教学成功与否的关键不是技术先进与否，而是人的提升与否。因此，"互联网＋"时代的大学数学课堂教学要取得根本性变革，应该利用互联网新技术进行学情分析创新、教学流程逆序创新和教学成效分析创新，最终实现提升个性化互动教学水平和提高人才培养质量的目标。

信息技术的不断发展也为大学数学的教学模式提供了更丰富的选择。大学数学课程教学可以充分利用信息技术与手段，从教学方法、教学活动、实践活动等方面探索课程思政的多元化教学模式。要做到教师讲授与学生专题讨论相结合、线上与线下相结合、理论教学与实践活动相结合、课内集中授课与课外学生自主学习相结合，将思政要素融入专业知识的讲解中，做到"思政寓于课程，课程融于思政"。

二、基于课程思政的大学数学教学与信息技术的融合方法

（一）利用大数据技术分析学情，实现学情分析创新

要想达成基于课程思政的大学数学教学与信息技术的融合，可以运用大数据技术来分析学情，实现学情分析的创新。了解和分析学情是教学活动准确、灵活、高效实施的前提，也是学生获得最大学习收益的基础。传统的学情获知方式通常是通过与学生交谈来了解学生的知识基础、学习特征、学习动机、学习态度和学习方法等情况。然而，传统方式受到时间和空间的限制，效率较低，分析不准确且不全面。在互联网时代，借助大数据技术和学生终端设备（如智能手机），教师可以对学生的学习过程进行跟踪，全面准确地了解学生在大学数学学习中的习惯、偏好和价值取向，从而完成对学生学情的监测、判断、分析。通过大数据分析，教师可以获取学生的学习轨迹和学习行为数据，包括学习时间、学习内容、学习习惯等；教师也可以了解学生的学习偏好和困难，及时调整教学策略，有针对性地开展教学活动；同时，教师还可以发现学生之间的差异性和共性，为个性化教学提供有力支持。

（二）基于课程思政开展翻转课堂，实现教学流程逆序创新

1. 基于课程思政的大学数学翻转课堂的实现基础

基于课程思政的大学数学翻转课堂可以实现教学流程的逆序创新。翻转课堂是一种将传统的课堂教学结构翻转的教学模式，让学生在课前进行预习，在课堂上进行知识的吸收和掌握。在翻转课堂模式中，教师可以将相关教学资源如微课视频、PPT、仿真动画、习题汇编等放在网上供学生自主观看和学习。逆序创新为信息化教育带来一种崭新的思考方式和洞察视角。传统的教学模式受到课堂时间限制、学生数学基础的差异、学生课前预习程度不同以及学生个体接受新知识的能力和速度不同的影响，使有些学生在大学数学课堂中能够较好地学习新知识，而令有些学生感到困惑。在翻转课堂模式下，学生可以根据自身的学习能力自主控制学习进

度，例如反复观看视频、暂停视频以便思考等，并且可以灵活利用碎片时间自主安排学习。这种模式促使学生从被动学习转变为主动学习。同时，为了使翻转课堂有效实施，建议教师构建功能完备的在线学习平台，并结合学生的学情和专业特点整合学习资源。在大学数学课程中，教师可以深化案例解析和问题拓展探究，通过在线学习平台提供各种学习资源。此外，教师还可以利用在线学习平台及时评估学生的学习进度和水平，并据此进行调整，设计合理的教学方案和策略。教师可以根据学生的学情和学习需求提供个性化的辅导和指导，以达到更好的教学效果。

教师在教学中可以深度运用信息化教学手段，把数学学科与信息科学、生物科学、现代农业等现代科学技术交叉融合的研究热点与最具代表性的研究成果制成课件、视频、图片资料等教学资源，并将其呈现在学生面前，让他们能够及时了解到学科的最前沿信息，从而激发他们学习的积极性。课堂专题讨论等教学形式可以提升学生学习的主动性，提高学生查阅文献、PPT制作、语言表达、逻辑思维、抽象思维以及综合分析问题的能力，增强学生的团队意识，培养学生团结协作的精神，促进教与学之间的互动，活跃课堂教学气氛，有效提高课堂教学质量。例如讲授极限思想以及无穷小量时，教师可以让学生通过查阅资料了解世界数学史上第一次、第二次数学危机的产生和解决的情况，让学生从数学家坚持不懈、敢于质疑、迎难而上、不屈不挠的科学精神等方面谈收获；在讲授线性方程组时，给学生展示线性方程组的求解在优化物资配置中的应用，可以培养学生理论联系实际、学以致用、知行合一的精神。

2. 大学数学翻转课堂设计

在大学数学中引入翻转课堂设计并不仅仅是简单地颠覆传统的教学方法。它实现了从"先教后学"到"先学后教"的教学过程改革，旨在调动学生在学习中的主观能动性，培养学生的自主学习习惯。教师通过动画、视频等形式，将抽象晦涩的数学概念和定理生动直观地展示给学生，使他们对数学知识不再感到难以理解。在翻转课堂教学模式下，课前学习环节与课堂教学环节相辅相成。学生在课前自主学习中已经预习了知识，并对一些内容产生了疑问。在课堂上，教师能够根据学生提出的问题有针对性地进行讲解，并且有更充足的时间与学生进行讨论和互动。通过这些讨论和互动，教师可以帮助学生拓展数学学习中的思维方式，培养高阶思维能力和应用能力。

数学家哈尔莫斯曾说过："学习数学最好的方法是做数学。"[61]习题是大学数学课堂教学中不可或缺的元素，一般包括课堂习题和课后习题两种形式。做习题有助于学生内化知识、熟练掌握技巧，提升课堂教学效果。传统课堂教学模式下，课堂习题一般在课堂上布置。由于时间限制，教师往往无法给学生足够的时间思考，学生对课堂习题的理解可能不够深入。而在翻转课堂教学模式下，教师会在课前将相关习题上传至平台，学生可以根据课前学习情况自主进行练习。对于这些习题，学生有充分的时间进行深入思考，也可以相互讨论，这对提高学生思考和解决问题的能力以及应用知识的能力都有很大的帮助。

翻转课堂重视发展学生自主学习的能力，并注重培养学生的学习动力。翻转课堂教学可以培养学生敢于发现、敢于探索的精神，激发学生在面对未知时不畏困难、持之以恒的精神。这种价值引导与课程思政理念不谋而合，将道德教育与学科知识相结合。

翻转课堂强调对学生自主学习能力的发展，同时也强调对学生学习内驱力的培养。翻转课堂教学可以培养学生勇于发现、勇于探索的精神，激励学生在面对未知时要有一种不怕困难、执着深耕的精神。

3. 利用可视化图表形式呈现分析结果，实现教学成效分析创新

基于大数据的学习分析技术为教学成效分析带来了创新。教师可以利用可视化图表形式来展示课前问题、课堂讨论和习题对错等信息的分析结果，从而进行教学反思并改进课堂实践。与传统的教学分析相比，基于大数据的教学分析具有以下优点：一是更客观、全面、准确的分析，大数据技术可以在更广泛的数据基础上进行分析，从而提供更客观、全面和准确的教学分析结果。二是针对个体学生的分析，大数据能够对每个学生进行个体化的分析，避免了过于笼统、粗放的分析方式，这不仅能够让教师全面掌握学生的学习情况和反馈，也能够让学生更清楚地了解自己的学习状态。三是可视化图表展示，教学分析结果以可视化图表形式展示，使得分析结果更加直观明了，并且能够实时更新，这让教师能够更好地理解和利用分析结果，从而提升教学效果。

综上所述，"互联网+"时代下，高校数学课堂教学应立足于课程思政，将信息技术融入教学之中，运用大数据分析学情，运用翻转课堂构建

网络学习平台，并运用大数据来评估学生的学习状况。这能使教师更加准确地了解学生的学习状况，更好地将数学观念传达给学生，更好地培养学生的高级思维能力、创新能力和实践能力；使学生能够充分发挥自己的主体性，从而提升学习的积极性和有效性。融入课程思政的大学数学教学能潜移默化地对学生进行思想引领和价值塑造。

第四节　基于课程思政的大学数学教学与数学文化的融合

数学文化是高校数学教育与人文精神的有机结合，是高校数学教育的一个重要组成部分。高校要提高数学教育的质量，就必须重视对数学文化的介绍，深刻把握其特点。数学文化是在数学教育不断发展的过程中逐步形成的，随着时代的发展演变，数学文化也在不断地进行更新。在文化观的视野中，大学数学教育不仅包括了数学精神、数学方法等，还包括了大学数学与社会领域之间的联系，及其与其他文化之间的关系。

数学文化中蕴含着深刻的思想政治教育因子。数学对人们的生活、思维产生了深远的影响，它既是人类文明发展史上的一个重要部分，也是近代文明的一支重要力量。在大学数学教学中融入数学史内容可以让数学活起来，使学生体会数学家所经历的艰苦漫长的求证道路并感受数学本身的美，激发其学习兴趣，也有助于学生加深对数学概念、方法和原理的理解与认识，同时也让学生领悟求真务实、追求真理、勇于探索的精神价值。此外，学习数学史也有利于增强学生的数学创新精神。创新精神正是我们这个时代非常需要的、重要的精神内核。

运用文化视野来看待大学数学可以使学生对大学数学有更深刻的认识和掌握，还可以激发他们的学习积极性。因此，在进行大学数学教育的过程中，教师应该向学生适当进行有关数学文化观的渗透，指导学生运用文化观的视角来分析数学问题，让学生能够对大学数学有一个全面的了解并将大学数学的知识运用到解决问题之中。

一、数学文化在大学数学教学中的内涵与重要性

（一）数学文化的基本内涵

每个国家都有自己的文化，中国的算术与古代希腊的算术一样，都有着光辉的成绩与价值，但也有着显著的区别。数学文化的内涵是非常丰富的。数学的发展过程是一种文化现象。

（二）数学文化的重要性

数学文化在大学数学中的重要性主要包括两方面：

1. 激发学生对本课程的学习兴趣

数学教师可以在课堂中融入数学文化，这样能激发学生的数学学习兴趣，进而提升课堂教学的质量。在教学中引入数学文化既可以调动学生的学习积极性，又可以改善教学效果。结合课堂教学内容与背景，教师可以通过信息技术，向学生展示有关数学文化的视频、图片、PPT 等教学内容，丰富教学形式，吸引学生的注意力，从而使数学课堂变得更加丰富多彩、生动有趣。教师在教学的过程中，应结合数学实践不断培养学生的逻辑思维能力和实际应用能力。

2. 培养学生的创新能力

教师是课堂中的引导者，学生是主体，教师与学生之间要建立良好的关系，平等交流。大学时期是培养学生逻辑思维能力的重要时期，将数学文化融入大学数学教学的内容中，既能提高学生的逻辑思维能力，又能提高他们的创新能力和文化欣赏能力，还能在不知不觉中影响和启发他们的精神和思维，起到文化育人和思维育人的双重作用。

二、基于课程思政的大学数学教学与数学文化有效融合的方法

在笔者所在的学校，大学数学课程是面向农业专业学生开设的公共必修课，以讲授数学知识及其应用为主。随着教育理念与人才培养要求的不

断发展，大学数学课程教学已经不仅限于数学知识的讲授，还包括思想教育、价值引领、实践能力培养等方面。当前，数学在思想、精神及人文等方面的内容几乎没有被提及，即使是数学史、数学家、数学观点、数学思维等基本的数学文化，也仅仅是在课堂上偶尔被提及。长期以来，大学数学教学中都存在着只重结论不重证明、只重计算不重推理、只重知识而不重思想的授课方式，教师大多忽略了数学对学生人文精神的培养，更多地站在通用工具的角度进行教学内容和教学流程的设计。因此，许多大学生对数学思想、精神的理解还比较浅薄，对数学的整体理解和整体把握还不够全面。这种对数学的理解才是最重要的，也是最能让人受益的。为此，高校数学教学必须重视与数学文化的融合，加强对学生数学素养的培养。实践证明，在高校数学课堂中引入数学文化，可以有效地激发学生的学习热情，促进学生数学综合素质的提高，收到了良好的教学效果。本节从数学文化与大学数学课程融合的背景和现状出发，提出了以课程思政教育思想为指导、将数学文化与大学数学课程相融合的具体实施方案。

（一）数学文化融入大学数学课程教学的思路与解决的关键问题

1. 数学文化融入大学数学课程教学的基本思路及目标

在教授农业专业的大学生时，应加强对其逻辑思维和抽象思维的训练，并将数学文化等内容适当地融入教学，从而提升学生对数学的兴趣。对于学生来说，可以使他们受用终身的通常是在学习数学知识的过程中形成的数学素质。也就是，从数学的角度来看待问题，并将现实的问题进行简化和量化，形成有条理的理性思维、逻辑推理的意识和能力，以及运筹帷幄的能力等。因此，数学教育在发展工具性和抽象思维方面的作用不大，但在发展理性思维、形象思维、数学文化等人文融合方面的作用更大。数学文化中往往蕴含着丰富的人生哲理以及唯物辩证思想，这些都对学生形成正确的世界观、人生观和价值观有着重要的作用。

在进行教育的过程中，应该让学生拥有最基本的数学知识并掌握必要的数学工具，指导学生用它们来处理和解决自然学科、社会及人文学科中普遍存在的数量化问题与逻辑推理问题。在教学中要注意培养学生的逻辑和形象思维，同时要注意培养学生的辩证思维能力。帮助学生认识数学文化、提升数学素养，在不知不觉中培养学生的理性思维，将数学文化和数学知识融为一体，最大限度地发挥教育作用。

将数学文化与大学数学课程的教学相结合，让学生了解数学的思想、精神和方法，并了解数学的文化价值；让他们学会用数学的方法进行理智的思考，并培养他们的创造力；让他们接受优秀的文化、领悟数学的审美价值，从而提升他们对数学的兴趣。在此基础上，对学生进行全面的教育。

2. 数学文化融入大学数学课程教学需要解决的关键问题

数学文化融入大学数学课程教学需要解决以下关键问题：一是明确数学教育对于大学生尤其是文科大学生的作用；二是确保大学数学教材体系、教学内容与各专业相匹配；三是在教学中培养学生的形象思维、逻辑思维及辩证思维能力；四是将数学文化及人文精神融入大学数学的教学中。

（二）数学文化融入大学数学课程的实施

1. 将提高学生学习数学的兴趣和积极性贯穿于教学的全过程

在教学过程中，可以从学生所熟知的事例或者数学的典故入手，来激发学生的学习兴趣。例如，在讲定积分的应用时，教师提出如何求变力做功的问题后，可以用 PPT 展示我国于 2007 年 10 月 24 日成功发射、历经 8 次变轨、于 11 月 7 日进入月球工作轨道的嫦娥一号卫星；然后再向学生提出 4 个问题：①卫星环绕地球运行至少需要什么速度？②进入地月转移轨道至少需要什么速度？③报道说，当嫦娥一号在地月转移轨道上第一次制动时，退行速度大约是 2.4 km/s，这是为什么？④怎样才可保证嫦娥一号不会与月球相撞？学生利用已有知识给出回答，这可以提高他们的学习积极性。

2. 将培养学生数学素养作为教学的根本目的

在大学数学课程的教学中，需特别注重过程教学。而过程教学的核心是通过引导学生对数学科学的精神实质和思想方法有新的领悟，使学生在学习中能够有更大的收获并终身受益。为了实现这个目标，教师可以利用信息技术和网络资源，在教学过程中为学生提供一些阅读材料，并鼓励学生在课后认真阅读。这些材料应当恰如其分地介绍数学概念的发展历史，以及其中的一些重要事件和数学家的事迹与精神。通过阅读这些材料，学生可以了解到数学思想的重要性，并从中获得启示，进而加深对数学的理解。在课堂上，教师应当注重讲解数学知识的来龙去脉，揭示其中所蕴含的思想方法和数学精神。这样的教学方式可以让学生更好地感受数学的科学性和思辨性，从而培养他们对数学的兴趣和热爱。

3. 结合专业特点讲解数学知识

在大学数学中，由于其抽象性的特点，即使是在强调过程的情况下，学生也很难对数学知识所包含的数学思维和方法进行深刻的理解。在进行教学的过程中，教师应该把学生所学的专业作为自己的教学背景，运用灵活多样的教学方法和手段，巧妙地引入课题，对概念进行深入揭示，对例子进行细致讲解，让抽象的数学知识与学生们所熟知的专业相结合，从而激发出学生对这门学科的学习兴趣。例如，将微积分引入经济学中，使学生能够更好地利用边际效应来加深对微分的认识；通过李白的"孤帆远影碧空尽，唯见长江天际流"揭示极限的过程；通过气象预报和转移矩阵加深学生对矩阵的认识；通过优化资源配置的案例让学生深刻理解方程组在实际生产生活中的应用价值。

要想将数学文化教育融入大学数学课程中，教师必须有正确的数学教育观，对数学文化的内涵有深刻的认识，并在教学过程中把积极实践、勇于创新的精神传达给学生。这不仅是一种知识和技能的训练，更是一种观念和价值观的塑造。对于学生来说，唯有通过运用某种数学知识或者数学观念来解决某些实际问题，或是掌握了用数学解决实际问题的某些步骤和方法，他们才可以感受到数学具有广阔的应用前景，从而真正地产生数学意识。只有这样才能提升他们的数学素养，进而提升他们使用数学知识来分析和解决问题的能力。

第五章

基于课程思政的大学数学教学设计案例

第一节　大学数学课堂教学设计——数列的极限

主题名称：数列的极限

课　　时：1 学时

一、学情及内容分析

（一）教学内容分析

1. 教学内容

极限是微积分的灵魂，微积分应用极限和极限思想研究函数数列极限是极限内容的基础，极限思想是微积分的基本思想。大学数学中的一系列重要概念，如函数的连续性、导数以及定积分等都是借助极限来定义的，因此本节课内容是本课程的重点内容，也是后续知识学习的基础。此外，本节课内容在实际生产和生活中也被广泛应用，比如连续复利问题、市场经营中的稳定性问题、谣言传播问题等。本节课内容对学生来说比较抽象难懂，尤其是数列极限 $\varepsilon - N$ 的精确定义以及数列极限的计算技巧。教师要充分利用案例教学，注重理论联系实际，让学生从直观到抽象深刻体会极限思想、掌握数列极限 $\varepsilon - N$ 的精确定义以及数列极限计算方法。

2. 教学重点

（1）数列极限 $\varepsilon - N$ 的精确定义。

（2）数列极限的计算方法与技巧。

3. 教学难点

（1）对极限思想的理解。

（2）数列极限 $\varepsilon - N$ 的直观描述和精确定义。

（二）学生情况分析

1. 知识方面

学生在高中阶段已经初步学习了数列和数列极限的内容，并且会计算一些比较简单的数列极限，但是对于数列极限的定义以及更复杂的数列极限的计算并未深入学习，对与极限相关的数学发展史、极限的现实应用等知识更是知之甚少。本节课将从极限思想的萌芽与发展、数列极限从直观描述到抽象定义的演进过程、数列极限的经典例题等方面入手，帮助学生掌握数列极限的定义及其计算方法，为后续知识的学习打好基础。

2. 能力方面

高中阶段学习的比较浅显的数列极限知识使学生对数列极限有一定的认知，也使其具备了对简单的数列极限的计算能力，但是学生的抽象思维能力、逻辑推理能力、归纳总结能力以及计算能力还有不足之处。

3. 价值观方面

刚刚经历过高考的大一学生没有了升学的压力，容易在大学的学习中迷失方向，往往缺乏对学习的价值和意义、个人的责任与担当的理性认识。学生常常有"数学就是算术""数学无用论"的错误观点，而且本节课的内容抽象难懂，因此学生在学习中容易出现消极态度和畏难情绪。

二、教学目标

（一）知识传授目标

1. 掌握基本概念和计算方法

本节课让学生了解极限思想的萌芽以及极限思想的发展历史；让学生在了解极限思想的基础上，理解数列极限从直观描述向抽象定义的演进过程；让学生掌握数列极限 $\varepsilon - N$ 的精确定义和数列极限的计算方法与技巧。

2. 了解知识的现代应用，拓展知识积累

学生学好本节课内容，可了解数列极限在金融、市场营销、心理等领域的现代应用，开阔视野，了解学科交叉融合的现实状况，增加知识积累。

（二）能力培养目标

1. 培养学生的辩证思维、抽象思维、归纳总结等能力

教师通过讲解极限思想的内涵，帮助学生构建从有限到无限、从近似到精确、从量变到质变的辩证思维能力；通过讲解数列极限从直观描述到抽象定义的演进过程，培养学生从现象到本质的抽象思维能力、"观察—归纳—总结"的归纳总结能力；通过讲解数列极限的计算方法和技巧，提高学生的计算能力。

2. 培养学生的科学研究能力

数列极限的定义从直观描述到定性描述，最后到定量的精确定义，经过一波三折才得到。定义的形成过程很好地诠释了科学研究的思路和方法，由此激发学生的科学研究兴趣，培养学生的科学研究能力。

3. 培养学生的数学素养

数列极限的精确定义用极其简约的数学符号刻画了深刻而丰富的数学内涵和数学思想，这充分体现了数学的简约美。通过本节课的学习，学生可逐步提高数学素养，为其后续的学习打下坚实的基础。

（三）价值引领目标

1. 激发爱国热情和培养家国情怀

教师以极限思想在中国的萌芽为案例，将我国悠久灿烂的数学发展史融入对极限概念的讲解，使学生产生强烈的民族自豪感，激发学生的爱国主义热情和培养学生的家国情怀。极限背后隐藏着"虽然微小，但也有力量"的道理。我们正处于百年未有之大变局中，虽然个人的力量是微薄的，但是每个人都出一份力，中华民族的伟大复兴就一定能实现。教师在知识传授中坚持思想引领和价值导向，帮助学生树立正确的人生观和价值观。

2. 培养学生积极进取、勤奋好学的求学精神

教师通过案例解析、直观描述的方式，层层深入地介绍数列极限的定义，打消学生的畏难情绪，激发学生的求知欲望，培养学生积极进取、勤

奋好学、不畏艰难的求学精神。

3. 培养学生求真务实、知行合一的实践精神

教师在教学内容中融入数列极限在其他领域中的应用实例，让学生开阔视野。在学习过程中，学生逐渐形成学以致用的意识，把数学知识运用在各专业领域中，树立求真务实、知行合一的实践精神。

（四）过程与方法目标

1. 启发式教学，充分体现"生本"理念

教学过程以启发式提问和课堂思考题贯穿始终，让学生积极参与到教学过程当中，体现"生本"理念，提高学生的学习积极性和主动性。

2. 教学内容融入数学史，创设教学情境，融入课程思政

教师以极限思想的数学发展历史为先导内容，不仅恰当地创设了教学情境，吸引了学生的注意力，还拓展了学生的数学史知识，激发了学生对本节课程的学习兴趣。情境教学可以让学生在学习中体会极限背后隐藏的"虽然微小，但也有力量"的道理。我们正处于百年未有之大变局中，虽然个人的力量是微薄的，但是每个人都出一份力，中华民族的伟大复兴就一定能实现。

3. 理论联系实际，鼓励学生学以致用

通过介绍数列极限在各领域中的应用实例，教师鼓励学生用数学思想、技术、方法解决社会生产生活中的实际问题；通过典型例题的讲解和课堂思考题的训练，以讲练结合的方式培养学生学以致用的能力，使其更好地掌握数列极限的计算方法与技巧。

三、教学方法与手段

（一）教学方法

1. 利用数学史，创设课程教学情境，数学教学与思政教育同向同行

本节课从古代的截棍问题和刘徽割圆术等极限思想的萌芽实例、极限

思想发展的数学史出发，引出新课内容，为整堂课创设良好的教学情境和基础，抓住学生的眼球，激发学生的学习欲望，有效提高学生的学习兴趣。学生在学习中了解中国数学发展历史，激发民族自信与文化自信，逐步体会极限背后隐藏的"虽然微小，但也有力量"的道理，达到数学课程教学与思政理念融合的目的。

2. 运用"任务驱动课堂"的教学方式，提升学生的教学参与度，增强学习获得感

本节课的教学内容有机融入了数列极限的现实应用介绍，学生通过实例引入，由特殊到一般、从具体到抽象，利用类比归纳的思想学习数列的极限。这使得学生对学习内容有了全面的认识，形成完整的知识框架。对于学生来讲，学习中面临的主要问题是为什么要学习、所学习的知识有什么用处。任务驱动的教学模式可以较好地回答这两个问题，使学生有目的地去学习。

3. 运用教师讲授与学生思考相结合的"互动教学"模式，体现"生本"理念

本节课教学过程中，随着教学内容的不断推进，教师设置多个提问环节，并在经典例题讲解结束后设置思考题，其目的是让学生积极参与教学过程，充分体现"学生为主体，教师为主导"的"生本"教学理念，提高学生的学习积极性和主动性，增进教学效果。

（二）教学手段

1. 多媒体教学与传统的"黑板＋粉笔"的板书相结合

教师在讲授本节课的主要知识和重点知识时，利用多媒体教学手段，以现代信息教学方式丰富课堂内容，并配合板书，突出重点与难点，从而吸引学生的注意力。

2. PPT 展示

在教学过程中用 PPT 给学生展示与本节课内容相关的数学家的肖像、数列极限的无限逼近过程等影像内容，可以吸引学生的注意力，激发学生的学习兴趣，提升教学成效。

3. 在线教学平台融入课堂教学

课堂教学融入在线教学平台的互动功能，教师设置在线问题让学生参与答题，既可以让教师全面了解学生的课堂学习状况，又可以增进学生的学习主动性，提升课堂活跃度。

4. 将数学绘图软件应用到教学中

为了更好地展示刘徽割圆术等无限逼近的渐进过程，教师把数学绘图软件应用到对教学资源的准备中，丰富课程内容，提高教学资源的质量。

四、教学过程

（一）教学框架（见表5-1）

表5-1　数列的极限教学框架

时间	教学内容要点
2分钟	1. 数列极限的实例引入
3分钟	2. 极限的发展历史简介
7分钟	3. 数列极限的直观描述
8分钟	4. 数列极限的定义
8分钟	5. 数列极限定义的典型例题巩固
9分钟	6. 数列极限的计算
5分钟	7. 课堂练习
3分钟	8. 小结与思考拓展

（二）教学过程（见表5-2）

表5-2　数列的极限教学过程

教学环节	教学内容	教学目的
	1. 数列极限的实例引入（2分钟）	
介绍数列极限的知识背景及现实应用价值，以实例引入极限思想的萌芽情况，创设教学情境，切入新课内容。 提问1：数列极限是什么？ 提问2：数列极限还有哪些实际应用？	背景介绍 　　极限是微积分的灵魂，大学数学中的一系列重要概念，如函数的连续性、导数以及定积分等都是借助于极限来定义的，而数列极限是极限内容的基础。许多初等数学无法解决的问题（例如求瞬时速度、曲线弧长、曲边形面积、曲面体体积等问题），正是采用了极限的思想方法来解决。极限在物理学、经济学、心理学等领域也有非常重要的应用。极限思想在我国古代的萌芽 一尺之棰，日取其半，万世不竭。 ——《庄子》 　　战国时期哲学家庄子的《庄子·天下》中有一句话："一尺之棰，日取其半，万世不竭。" 割之弥细，所失弥少，割之又割，以至于不可割，则与圆周合体而无所失矣。 　　三国时刘徽提出了"割圆求周"的方法：割之弥细，所失弥少，割之又割，以至于不可割，则与圆周合体而无所失矣。 思考：极限思想的本质是什么？可在雨课堂平台发表观点。	以中国古代极限思想萌芽为例子，让学生产生强烈的民族自信与文化自信，增强学生的民族自豪感。通过介绍中国数学发展史，对学生进行思想教育，并激发学生的求知欲。 　　利用雨课堂平台让学生参与课堂互动，提升学生的学习主动性。

（续上表）

教学环节	教学内容	教学目的
	2.极限的发展历史简介（3分钟）	
简介极限思想的发展史，强化课题感知。	 庄子 《庄子·天下》 约翰·沃利斯 《无穷算术》 牛顿 《自然哲学的数学原理》 达朗贝尔 柯西 魏尔斯特拉斯 　极限思想的萌芽——极限概念在《无穷算术》中首次出现；牛顿在《自然哲学的数学原理》中阐述极限；18世纪下半叶，达朗贝尔等人把微积分建立在极限概念基础之上；柯西给出极限的描述性定义；魏尔斯特拉斯给出极限的严格定义。	通过介绍极限思想的发展史，加深学生对极限概念的感性认识。

（续上表）

教学环节	教学内容	教学目的
3. 数列极限的直观描述（7分钟）		
让学生观察数列的变化趋势，并发现规律。 提问：这几个数列的变化趋势如何？ PPT加板书：极限思想：无限逼近。	请同学们观察下列几个数列的变化趋势： A. $\dfrac{1}{10}$，$\dfrac{1}{10^2}$，$\dfrac{1}{10^3}$，…，$\dfrac{1}{10^n}$，… ①项随 n 的增大而减小；②都大于0；③当 n 无限增大时，相应的项 $\dfrac{1}{10^n}$ 可以"无限趋近于"常数0。 B. $\dfrac{1}{2}$，$\dfrac{2}{3}$，$\dfrac{3}{4}$，…，$\dfrac{n}{n+1}$，… ①项随 n 的增大而增大；②都小于1；③当 n 无限增大时，相应的项 $\dfrac{n}{n+1}$ 可以"无限趋近于"常数1。 C. -1，$\dfrac{1}{2}$，$-\dfrac{1}{3}$，…，$\dfrac{(-1)^n}{n}$，… ①项的正负交错地排列，并且随 n 的增大其绝对值减小；②当 n 无限增大时，相应的项 $\dfrac{(-1)^n}{n}$ 可以"无限趋近于"常数0。	通过观察变化趋势，获取直观感知，总结变化规律，培养自我探索和归纳总结的能力。
4. 数列极限的定义（8分钟）		
PPT展示 提问1：同学们能根据规律归纳总结出数列极限的直观描述吗？	数列极限的直观描述（3分钟） 一般地，如果当项数 n 无限增大时，无穷数列 $\{a_n\}$ 的项 a_n 无限趋近于某个常数 a（即 $\|a_n-a\|$ 无限趋近于0），那么就说数列 $\{a_n\}$ 以 a 为极限，或者说 a 是数列 $\{a_n\}$ 的极限，记作 $\lim\limits_{n\to\infty}a_n=a$。 思考：如何精确刻画"项数 n 无限增大""a_n 无限趋近于某个常数 a"？	直观上总结数列极限，量化认识，问题拓展。

（续上表）

教学环节	教学内容	教学目的
提问2：定义中 N 与 ε 有什么关系？ 归纳总结，形成概念。 PPT 加板书：数列极限 $\varepsilon - N$ 的定义。	数列极限 $\varepsilon - N$ 的定义（5分钟） 　　一般地，设数列 $\{a_n\}$ 为无穷数列，a 是一个常数，如果对于预先给定的任意小的正数 ε，总存在正整数 N，使得只要正整数 $n > N$，就有 $\|a_n - a\| < \varepsilon$，那么就说数列 $\{a_n\}$ 以 a 为极限，记作 $\lim\limits_{n\to\infty} a_n = a$，或者 $n\to\infty$ 时 $a_n \to a$。 思考：定义中 N 与 ε 有什么关系？ 实例分析 　　为了更加直观清晰地认识 N 与 ε 的取值关系，我们通过一个具体的例子来看一看。 　　分析：考察数列 $\{a_n\}$，$a_n = 1 + \dfrac{(-1)^{n+1}}{n}$，$n = 1, 2, \cdots$，$\varepsilon$ 分别取 0.1，0.01，0.001，那么 N 的取值可以分别为 10，100，1 000… | n	10	30	40	50	100	1 000	…
---	---	---	---	---	---	---	---
a_n	0.900 0	0.966 67	0.975 00	0.980 00	0.990 00	0.999 00	…
$\|a_n-1\|$	0.100 00	0.033 33	0.025 00	0.020 00	0.010 00	0.001 00	… | $$\|a_n - 1\| = \left\|1 + \frac{(-1)^{n+1}}{n} - 1\right\|$$ $$= \left\|\frac{(-1)^{n+1}}{n}\right\| = \frac{1}{n}。$$ 当 $\varepsilon = 0.1$ 时，$\|a_n - 1\| = \dfrac{1}{n} < 0.1$，则 $n > 10$，可以取 $N = 10$。 当 $\varepsilon = 0.01$ 时，$\|a_n - 1\| = \dfrac{1}{n} < 0.01$，则 $n > 100$，可以取 $N = 100$。 当 $\varepsilon = 0.001$ 时，$\|a_n - 1\| = \dfrac{1}{n} < 0.001$，则 $n > 1 000$，可以取 $N = 1 000$。 小结：定义中 N 会随着 ε 的改变而改变，ε 取不同的值，N 的取值一般也会不同。	将直观感受抽象概括为严谨的数学定义，深化数列极限的概念；通过一个具体的例子，使学生理解 N 与 ε 之间的关系，加深其对定义的理解。

（续上表）

教学环节	教学内容	教学目的
	5. 数列极限定义的典型例题巩固（8分钟）	
例题讲解，巩固新知。 <u>PPT 展示</u> <u>提问</u>：运用数列极限定义证明数列极限的关键点在哪里。	典型例题讲解 【例1】设数列 $x_n = C$（常数），证明：$\lim\limits_{n\to\infty} x_n = C$。 证明：任给 $\varepsilon > 0$，不妨设 $\varepsilon < 1$，对于一切正整数 n，总有：$|x_n - a| = |C - C| = 0 < \varepsilon$ 成立，因此 $\lim\limits_{n\to\infty} x_n = C$。 【例2】证明：$\lim\limits_{n\to\infty} q^n = 0$，其中 $|q| < 1$。 证明：任给 $\varepsilon > 0$，若 $q = 0$，则 $\lim\limits_{n\to\infty} q^n = \lim\limits_{n\to\infty} 0 = 0$； 若 $0 < |q| < 1$，则 $|x_n - a| = |q^n - 0| = |q|^n < \varepsilon$。 　　两边取对数得：$n\ln|q| < \ln\varepsilon$。 　　由于 $\ln|q| < 0$。所以 $n > \dfrac{\ln\varepsilon}{\ln|q|}$。取 $N = \left[\dfrac{\ln\varepsilon}{\ln|q|}\right]$，则当 $n > N$ 时，就有 $|q^n - 0| < \varepsilon$。 　　故 $\lim\limits_{n\to\infty} q^n = 0$。 思考：运用数列极限定义证明数列极限的关键点在哪里。 教师强调：运用数列极限定义证明数列极限的关键在于，对于任意给定的 ε，寻找对应的 N。	让学生在概念和实际问题中都能体会数列极限的内涵，通过例题应用，巩固学生对新知识的理解和掌握，提高学生将抽象的概念用于解决实际问题的能力。
	6. 数列极限的计算（9分钟）	
运用知识解决问题。 <u>提问</u>：计算数列极限时如果遇到无理根式要怎么处理？	数列极限计算例题 【例3】求解下列数列的极限： （1）$\lim\limits_{n\to\infty} \dfrac{2n+3}{3n+1}$ 解：$\lim\limits_{n\to\infty} \dfrac{2n+3}{3n+1} = \lim\limits_{n\to\infty} \dfrac{2+\dfrac{3}{n}}{3+\dfrac{1}{n}} = \dfrac{2}{3}$。	

（续上表）

教学环节	教学内容	教学目的
PPT 加板书：数列极限的计算。	（2）$\lim\limits_{n\to\infty}\dfrac{\sqrt{n^2+a^2}}{n}$ 解：$\lim\limits_{n\to\infty}\dfrac{\sqrt{n^2+a^2}}{n}=\lim\limits_{n\to\infty}\sqrt{1+\dfrac{a^2}{n^2}}=1$。 （3）$\lim\limits_{n\to\infty}\left(\sqrt{n+1}-\sqrt{n}\right)$ 解：$\lim\limits_{n\to\infty}\left(\sqrt{n+1}-\sqrt{n}\right)$ $=\lim\limits_{n\to\infty}\dfrac{\left(\sqrt{n+1}-\sqrt{n}\right)\left(\sqrt{n+1}+\sqrt{n}\right)}{\sqrt{n+1}+\sqrt{n}}$ $=\lim\limits_{n\to\infty}\dfrac{1}{\sqrt{n+1}+\sqrt{n}}=0$。 教师小结：在计算极限之前，首先观察数列的特点，再选择适当的计算方法。	通过实际例子，巩固学生对数列极限的理解和掌握，使学生针对不同特点的数列选择恰当的方法来求解数列极限、掌握求解数列极限的方法与技巧。培养学生用数学理论和方法解决实际问题的能力。
7. 课堂练习（5分钟）		
教师讲授与学生练习相结合，创设互动教学环节。 PPT 展示	课堂练习 （1）$\lim\limits_{n\to\infty}\underbrace{0.99\cdots99}_{n\text{个}}=\lim\limits_{n\to\infty}\left(1-\dfrac{1}{10^n}\right)=1$。 （2）$\lim\limits_{n\to\infty}\dfrac{(-2)^{n-1}+3^{n-1}}{(-2)^n+3^n}=\lim\limits_{n\to\infty}\dfrac{\dfrac{1}{3}\times\left(-\dfrac{2}{3}\right)^{n-1}+\dfrac{1}{3}}{\left(\dfrac{-2}{3}\right)^n+1}$ $=\dfrac{1}{3}$。 小结：在数列极限的计算过程中，要观察数列的特点，根据其特点选择适当的计算方法和技巧。极限思想蕴藏着"虽然微小，但也有力量"的人生道理。我们正处于百年未有之大变局中，虽然个人的力量是微薄的，但是每个人都出一份力，中华民族的伟大复兴就一定能实现。	通过讲练结合的方式让学生学以致用，在练习中巩固课堂所学。教师点出极限思想内涵，达到课程思政的目的。

131

（续上表）

教学环节	教学内容	教学目的
8. 小结与思考拓展（3分钟）		
小结加深学生对本节课内容的印象，并引导学生对下节课要解决的问题进行思考。	小结（2分钟） （1）无穷数列与该数列有极限的关系。 （2）数列极限的描述性定义。 （3）数列极限 $\varepsilon - N$ 的精确定义。 （4）数列极限的计算方法与技巧。	培养学生总结梳理知识的习惯，使其在总结中对整节课形成系统的认识。
	思考拓展（1分钟） （1）数列是一类特殊的函数，怎么由数列极限得到函数极限？引出下一节课的函数极限问题。 （2）从数列极限的计算方法和技巧中可以得到什么启发？为学习函数极限的计算作铺垫。 （3）数列极限在现实中还有哪些应用？	根据本节课内容给出一些思考拓展问题。引出下一节课的教学问题。

（三）教学评价

本节课的教学内容是教材第一章的数列极限，其教学重点是数列极限 $\varepsilon - N$ 的精确定义以及数列极限的计算方法与技巧，教学难点是对极限思想的理解、数列极限 $\varepsilon - N$ 的直观描述和精确定义。

本节课的教学内容通过实例引入、极限发展史介绍，由特殊到一般、从具体到抽象地利用类比归纳的思想讲解数列的极限，使得学生对所学内容有更全面和更深入的认识，形成完整的知识框架。实例中引入极限思想在中国的萌芽情况，让学生了解中国数学在世界数学发展过程中的贡献，增强学生的民族自豪感和文化自信，从而达到课程思政的目的。

本节课的教学过程以任务驱动的方式呈现，教学过程中强调基于问题解决的设计，从极限思想在中国古代的萌芽到极限的发展历史，从极限的直观描述到极限的精确定义，无不体现了层层深入、由表及里、挖掘本质的教学理念。理论讲解与实例解析的结合加深了学生对极限定义的理解，使其做到用理论知识解决实际问题。在教师的引导下，学生通过讨论、归纳、探究等方式自主获取知识，从而获得令人满意的学习效果。教师构建了利于学生学习的有效教学情境，较好地拓展了师生的活动空间，丰富了教学手段，符合新课程的理念。

（四）板书设计

> 1．极限思想：无限逼近
>
> 2．数列极限的定义
>
> 一般地，设数列 $\{a_n\}$ 为无穷数列，a 是一个常数，如果对于预先给定的任意小的正数 ε，总存在正整数 N，使得只要正整数 $n > N$，就有 $|a_n - a| < \varepsilon$，那么就说数列 $\{a_n\}$ 以 a 为极限，记作 $\lim\limits_{n\to\infty} a_n = a$，或者 $n\to\infty$ 时 $a_n \to a$
>
> 3．数列极限的计算

五、教学反思

（一）教学成效及问题反思

1．由于课堂时间限制，对数列极限的数学发展史的介绍较简单

数学广泛地影响着人类的生活和思想，是形成现代文化的主要力量。数学史从一个侧面反映了人类文明史，是人类文明史最重要的组成部分之一，了解数学史对于学生真正了解数学的价值、认识学习数学的意义是非常有帮助的。在介绍数列极限的发展历史时，由于课堂时间的限制，教师不能充分展开相关内容，只能作简要介绍，相关数学史的介绍不够全面，不能让学生全面充分了解这部分内容。

2．学生的学习主动性略显不足

由于本节课教学内容比较抽象，理解数列极限的精确定义需要较强的抽象思维能力，这是学习中的一个难点。面对困难，学生容易出现消极和畏难情绪，学习积极性偏低，教师在教学过程中还未能充分调动学生的学习积极性和主动性。

（二）改进措施

1. 延伸课堂内容，弥补课堂不足

由于课堂时间有限而不能全面充分地介绍数列极限的数学发展历史，教师可以把对于数学史的了解延伸到课堂之外，让学生在课外阅读数学史的著作，拓展知识面，提高综合素养。学生通过自行查阅文献资料，了解与课程内容相关的数学史，可以锻炼查阅文献资料的能力。

2. 丰富教学设计，增设互动环节

在教学设计中，丰富教学案例，增加互动环节，为学生学习数学提供一个更广阔的空间，激发学生的学习主动性和积极性，让学生更多地参与到课堂教学的活动中，提升课堂教学效果。讨论交流的互动环节可以锻炼学生的口头表达能力和独立思考能力；课堂思考题和练习题可以培养学生理论联系实际的实践能力和探索精神，充分激发学生的主体性和积极性。

六、课后作业和预习任务

（一）课后作业

（1）课本习题 1 - 1：1（1）、（2）；习题 1 - 2：1、3。

（2）通过智慧树网址 http://t. zhihuishu. com/EwGBE？courseId = 10328967观看本节课教学视频。

（3）思考拓展：

①数列是一类特殊的函数，怎么由数列极限得到函数极限？

②从数列极限的计算方法和技巧可以得到什么启发？

③数列极限在现实中还有哪些应用？

（二）预习任务

（1）预习教材"2.2 函数的极限"的内容。

（2）通过智慧树网址 http://t. zhihuishu. com/EwGBE？courseId = 10328967观看"函数的极限"慕课视频。

第二节　大学数学课堂教学设计——函数的连续性

主题名称：函数的连续性
课　　　时：1 学时

一、学情及内容分析

（一）教学内容分析

1. 教学内容

函数的连续性问题是函数理论中最基本、最重要的问题之一。连续性是自然界中广泛存在的一种性质，函数的连续性是函数的重要性态之一，它反映了物质运动的一种客观属性。函数的连续性不仅是大学数学中的重要概念，也是连接极限与导数的重要纽带。学习函数的连续性对于函数极限、零点定理、介值定理以及一致连续性等方面的学习都具有重要的作用。此外，函数的连续性在求极值、函数有界性、压缩映射及其不动点等方面均可应用。本节课内容中函数连续的定义比较抽象，教师将日常生活和自然现象作为教学案例，创设教学情境，让学生经历从直观认识到抽象概括的过程，培养学生通过观察和思考主动发现问题、获取知识和敢于探求新知的习惯，激发其求知欲，同时培养其批判性思维。

2. 教学重点

（1）函数连续的两个等价定义。
（2）函数的左连续、右连续的定义及单侧连续与函数在某一点处连续的关系。

3. 教学难点

（1）函数连续的极限含义、函数连续的两个等价定义。
（2）分段函数在分段点处的连续性的判别方法。

（二）学生情况分析

1. 知识方面

学生已经学习了函数极限的知识。在函数极限的教学中教师强调过，一般而言，函数在某一点的极限值与函数在该点处的函数值没有必然联系（甚至函数可以在该点无定义）。学生在此往往会有一个疑问：函数在某一点的极限值可以刚好等于函数在该点处的函数值吗？本节课的讲解正好可以回答这个问题。

2. 能力方面

通过对数列极限、函数极限等知识的学习，学生对极限思想具备了较为深刻的理解，其抽象思维能力和计算能力得到了一定程度的提高，但是逻辑推理、归纳总结、抽象概括等能力还有待进一步提高。

3. 价值观方面

刚刚进入大学的学生，由于学习环境和学习模式都发生了较大变化，容易在大学的学习中迷失方向，往往缺乏对学习的价值和意义、个人的责任与担当的理性认识。在本节课程的学习中，由于新内容与前一节的旧知识关联度较大，并且新概念较抽象，不同概念之间的联系较复杂，学生在学习新内容时较难熟练地运用前一节课的内容，因而可能容易感到灰心和迷茫。

二、教学目标

（一）知识传授目标

1. 掌握基本概念和判断连续性的方法

连续是本门课程的重点内容之一，它是联系极限与导数的纽带。本节课让学生了解函数连续的实际背景与现实表现，掌握函数连续的两个等价定义；让学生理解左连续、右连续的定义，掌握运用定义证明连续点、连续函数的方法。

2. 了解知识的现代应用，拓展知识积累

本节课向学生介绍函数的连续性在求极值、函数有界性、压缩映射及

其不动点等方面的应用，让学生了解本节内容的应用价值，知道"数学有用"以及"何以用之"，从而提高学生的学习兴趣，开阔其视野，增加知识积累。

（二）能力培养目标

1. 培养学生的动态思维、抽象思维和归纳总结等能力

本节课教学先讲解函数在定义区间内某点的连续性，然后扩展到整个定义区间的连续性。这是一种由点到面、由部分到整体的讲解思路，也是整个微积分教学的思路。放弃原有的静态思维方式，充分发挥动态思维优势，进一步加深学生对极限思想的理解，使其适应大学数学的"变量"教学模式。教师通过有趣的事例引导学生思考、分析问题，锻炼其比较和归纳的能力，使学生通过探究问题体会逼近、类比的思想，以及用已知探求未知、从特殊到一般的数学思想方法。

2. 培养学生观察思考、探究未知的能力

本节内容从讲解日常生活和自然现象的例子出发，使学生通过观察和思考养成主动发现问题、获取知识和敢于探求新知的习惯，培养学生的批判性思维。

3. 培养学生的数学审美能力

教师用极其简约的数学符号刻画了函数连续的定义，这充分体现了数学的简约美；连续与单侧连续的关系展现了数学的对称美。教师通过本节课的讲解引导学生发现、认识和欣赏数学的美。

（三）价值引领目标

1. 根植文化自信，激发爱国热情

本节课融入文学元素，以古诗词为教学作结，以期将中国古典文化根植于学生内心，让学生产生强烈的文化自信和民族自豪感，激起他们的爱国主义热情。

2. 介绍农业相关案例，渗透服务"三农"意识

教师以农作物生长作为教学案例引入课程，并顺势给学生介绍中国是农业大国的国情，激发学生"学农、爱农、务农"的思想，引导学生树立

服务"三农"的远大志向。

3. 打消学生的畏难情绪，培养学生勤奋好学的精神

教师通过案例导入的方式，由直观到抽象、层层深入地介绍函数连续的定义；通过案例教学打消学生的畏难情绪，因势利导地激发学生的求知欲望，培养学生积极进取、勤奋好学的求学精神。

4. 培养学生求真务实、知行合一的实践精神

在教学过程中，将函数连续性的现代应用介绍融入课程内容，开阔学生的视野，打破专业知识的壁垒，培养学生求真务实、知行合一的实践精神。

（四）过程与方法目标

1. 情境教学，创设教学情境，激发学生兴趣

教师从生活实例出发，创设教学情境，让学生建立直观认知，之后充分结合学生的学情，从可见可感的层面建立新知识与学生已有经验之间的联系，激发学生的学习兴趣，吸引学生的注意力，培养学生从直观到抽象的思考方式，为其高阶认知能力与逻辑思维的发展提供土壤。

2. 案例教学，从直观到理论，启发学生观察思考

教师以农作物生长和气温变化两个实例引入新课，不仅为本节课创设教学情境，激发学生对本节课学习的兴趣，更重要的是，从案例出发，让学生在数学学习中体会数学理论来源于生活这一道理，启发学生在生活中多观察、多思考，培养学生观察生活、思考问题的习惯。在教学过程中，教师不断进行启发式的提问，让课堂思考贯穿始终，增加师生互动，让学生积极参与到教学过程当中，体现"生本"理念，提高学生的学习积极性和主动性。

3. 理论与应用相结合，知识与思政相结合，鼓励学生学以致用、知行合一

教师通过介绍函数连续性在各领域中的应用实例，引导学生用数学思想、数学方法解决社会生产生活的实际问题；通过典型例题的讲解和课堂思考题的训练，鼓励学生学以致用，提升学生的数学素养，实现知行合一的教育目标。在教学过程中，教师将"三农"情怀、中国古诗词等元素融入教学内容，向学生传达传承中国优秀传统文化与"学农、爱农、务农"的思想，实现知识传授与思政教育的有机融合。

三、教学方法与手段

（一）教学方法

1. 结合教师童年时的经历，以植物生长和自然现象为案例，创设课程教学情境

教师以农作物的生长和气温的变化引出本节课的内容，为本节课创设教学情境，为抽象概念的引入奠定良好的基础；利用归纳抽象、由表及里的分析方法和渐进思想方式讲解函数连续性的概念；用直观生动的实例打消学生对晦涩难懂的数学概念的心理畏惧感，激发学生的求知欲和探索欲，提高学生的学习兴趣，同时也达到了数学课程教学与思政理念融合的目的。

2. 利用"问题驱动课堂"的教学方式，鼓励学生主动思考

本节课以问题驱动的方式，由点到面、由部分到整体、层层深入、由表及里地讲解函数连续性的概念和相关理论知识。这使得学生在课堂教学中积极思考、不断探索，并形成对所学内容的全面认识，进而构建完整的知识框架，突破在知识学习和掌握中的盲点和盲区。从生活中寻找问题，用数学方法解释问题，让学生明白"为何而学"以及"学有何用"。

3. 创建讨论环节，增进教学互动

本节课教学过程中，设置小组讨论环节，让学生讨论自然现象和现实生活中还有哪些具有连续特征的实例，由此鼓励学生积极参与教学过程，充分体现教师引导、学生参与的"生本"教学理念，提升学生的学习热情和求知欲望，增进教学效果。

（二）教学手段

1. 多媒体教学与传统的"黑板＋粉笔"的板书相结合

教师在引入新课时，用一段自制动画小视频向学生展示植物生长的微观过程，活跃课堂气氛，激发学生学习兴趣；讲授本节课的主要知识和重点知识时，配合板书，吸引学生的注意力，达到突出重点的目的。

2. PPT 展示

在教学过程中，教师用 PPT 给学生展示农作物生长和气温变化的影像。生动直观的画面可以吸引学生的注意力，提高其学习兴趣。

3. 将数学绘图软件应用到教学中

为了更好地展示连续函数的图像特点、增强学生的直观感受，教师在教学中应用数学绘图软件绘制连续函数的图形，丰富课程内容，提高教学质量，同时也鼓励学生学习和掌握数学绘图软件操作技能，增强其动手能力。

四、教学过程

（一）教学框架（见表 5 - 3）

表 5 - 3 函数的连续性教学框架

时间	教学内容要点
5 分钟	1. 函数连续性的实例引入
6 分钟	2. 函数连续的定义
6 分钟	3. 函数连续的等价定义
5 分钟	4. 函数的左连续与右连续
15 分钟	5. 函数的连续性典型例题巩固
5 分钟	6. 课堂练习
3 分钟	7. 小结与思考拓展

（二）教学过程（见表 5 - 4）

表 5 - 4　函数的连续性教学过程

教学环节	教学内容	教学目的
	1. 函数连续性的实例引入（5 分钟）	
介绍函数连续性的实例以及知识背景，创设教学情境，切入新课内容。 **PPT 展示**	实例引入 　　在我小时候，老师不仅告诉我中国是一个农业大国，还教导我"谁知盘中餐，粒粒皆辛苦"。一天老师布置了一个种豆子的作业，于是我在花盆里种下了几颗黄豆种子，几天之后它们发芽了，我每天都蹲在花盆旁观察小豆苗长高了多少。可是在观察的那段时间里，我发现小豆苗一点儿也没有长高。我很疑惑：小豆苗没有生长吗？现在我知道了，小豆苗无时无刻不在生长，只不过在我观察的时间里，小豆苗的生长高度变化不明显罢了。 实例一：小豆苗的生长	利用现代信息技术制作、播放动画视频。从教师小时候观察小豆苗生长而产生的疑问出发，用实例引入新课内容，由此激发学生的学习兴趣和求知欲望。
提问 1：农作物的生长高度与时间有什么关系？ **提问 2**：气温的变化与时间的改变有什么关系？	思考 1：小豆苗的生长有什么特点？ 分析：生长高度和时间的函数关系：$h = h(t)$，时间间隔 Δt 越短，小豆苗的生长高度 Δh 越小。 实例二：气温的变化 思考 2：春夏秋冬，四季更替，气温变化特点是什么呢？ 分析：气温和时间的函数关系：$T = T(t)$，时间间隔 Δt 越短，气温的改变量 ΔT 越小。 小结：这两个实例表现出的函数特性就是函数的连续性。	渗透"三农"思想，使思政融入教学。

（续上表）

教学环节	教学内容	教学目的
课堂讨论：请同学们想一想，自然现象和现实生活中还有哪些具有连续特征的实例？	课堂讨论：请同学们想一想，自然现象和现实生活中还有哪些具有连续特征的实例？ 背景及应用介绍 　　函数的连续性是函数的重要性态之一，它反映了物质运动的一种客观属性。函数的连续性不仅是大学数学中的重要概念，也是连接极限与导数的重要纽带。同时它也是学习函数极限、零点定理、介值定理以及一致连续性等内容的基础。函数的连续性到底是什么？它有怎样的直观表现呢？	设置课堂讨论环节，激发学生的学习积极性、主动性，加深学生对连续性的理解，为下一步讲解连续的定义作准备。
2. 函数连续的定义（6分钟）		
归纳抽象，形成概念。 PPT加板书：函数连续的定义。 提问：根据极限的性质，可以将定义式改写成其他形式吗？	根据实例，抽象定义 定义：函数 $y=f(x)$ 在点 x_0 的某一邻域内有定义，如果自变量 x 在 x_0 处的增量 $\Delta x = x - x_0$ 趋向于零时，对应的函数值的增量 $\Delta y = f(x_0 + \Delta x) - f(x_0)$ 也趋向于零，即 $\lim_{\Delta x \to 0} \Delta y = 0$，则称函数 $y = f(x)$ 在点 x_0 处连续。 概念扩展 思考：根据极限的性质，连续定义的等价形式是什么？ 分析：由 $\Delta x = x - x_0$，则 $\Delta x \to 0$ 就是 $x \to x_0$，又因为 $\Delta y = f(x_0 + \Delta x) - f(x_0) = f(x) - f(x_0)$，即 $f(x) = f(x_0) + \Delta y$，则 $\Delta y \to 0$，也就是 $f(x) \to f(x_0)$。 　　得到原定义的等价形式，引出函数连续的等价定义。	采用数形结合的方式讲解，引导学生进一步体会函数连续定义的内在含义，培养学生透过现象看本质的思维习惯，使其在变形推导中形成知识迁移。

（续上表）

教学环节	教学内容	教学目的
	3. 函数连续的等价定义（6 分钟）	
概念扩展，举一反三，得出函数连续的等价定义。 <u>PPT 加板书</u>：函数连续的等价定义。	根据推导，得出等价定义 等价定义：设函数 $y=f(x)$ 在点 x_0 的某一邻域内有定义，如果函数 $f(x)$ 当 $x \to x_0$ 时的极限存在，且 $\lim\limits_{x \to x_0} f(x) = f(x_0)$，则称函数 $y=f(x)$ 在点 x_0 处连续。 提醒学生注意：函数连续的两个定义是等价的，函数 $f(x)$ 在点 x_0 处连续，必须同时满足下列三个条件： （1）函数 $y=f(x)$ 在点 x_0 的某个邻域内有定义； （2）$\lim\limits_{x \to x_0} f(x)$ 存在； （3）$\lim\limits_{x \to x_0} f(x) = f(x_0)$。 教师可以引导学生思考连续函数的图像有什么特点，让学生思考后得出结论：连续函数的图像是一条连续不断开的曲线。 	通过归纳概括、对比辨析，学生可以温故知新。学生经历自我探索和举一反三的过程，有利于提高逻辑思维能力、归纳总结能力以及培养数形结合的数学思想。
	4. 函数的左连续与右连续（5 分钟）	
<u>PPT 加板书</u>：单侧连续的定义。	拓展定义（3 分钟） 定义：如果 $\lim\limits_{x \to x_0^-} f(x) = f(x_0)$，即 $f(x_0^-) = f(x_0)$，则称函数 $f(x)$ 在点 x_0 处左连续。 定义：如果 $\lim\limits_{x \to x_0^+} f(x) = f(x_0)$，即 $f(x_0^+) = f(x_0)$，则称函数 $f(x)$ 在点 x_0 处右连续。	拓展概念，知识深化。

（续上表）

教学环节	教学内容	教学目的
归纳总结，形成概念。 PPT 加板书：单侧连续与连续的关系。	单侧连续与连续之间的关系（2分钟） 定理：函数 $y=f(x)$ 在点 x_0 处连续的充分必要条件是函数 $y=f(x)$ 在点 x_0 处既左连续又右连续。 思考：单侧连续与连续的定理有什么应用呢？ 提示：可用于判断分段函数在分段点处的连续性。	深入探究，得到定理。
	5. 函数的连续性典型例题巩固（15分钟）	
例题讲解，巩固新知。 PPT 展示 提问1：证明函数在一点处连续和证明函数在一个区间上连续所用的方法一样吗？	函数连续的定义应用 【例1】证明函数 $f(x)=\|x\|$ 在 $x=0$ 处连续。 证明：由于 $\lim\limits_{x \to 0^-}\|x\|=\lim\limits_{x \to 0^-}(-x)=0$，$\lim\limits_{x \to 0^+}\|x\|=\lim\limits_{x \to 0^+}x=0$，所以 $\lim\limits_{x \to 0}\|x\|=0$。 又 $f(0)=0=\lim\limits_{x \to 0}\|x\|$，则 $f(x)=\|x\|$ 在 $x=0$ 处连续。 【例2】证明余弦函数 $y=\cos x$ 在 $(-\infty,+\infty)$ 上连续。 证明：$\forall x \in(-\infty,+\infty)$ 给 x 一个增量 Δx，则有函数增量为： $\Delta y=\cos(x+\Delta x)-\cos x$ $\quad=-2\sin\left(x+\dfrac{\Delta x}{2}\right)\sin\dfrac{\Delta x}{2}$。 所以 $\lim\limits_{\Delta x \to 0}\Delta y=0$，则余弦函数 $y=\cos x$ 在 x 连续。 由 x 的任意性可知，余弦函数 $y=\cos x$ 在 $(-\infty,+\infty)$ 上连续。 小结：例1和例2都是证明函数连续的问题，但是例1是证明函数在具体某一点的连续性，用原定义；证明函数在某个区间上连续则用等价定义。	通过讲解不同类型的例题，让学生对连续的等价定义有更深刻的体会和认识，深化其对定义的理解和掌握。从现象到本质的剖析可以激发学生严谨治学的精神，使知识传授与思想引导同向同行。

（续上表）

教学环节	教学内容	教学目的
讲解例题，加深学生对定理的理解。 PPT 展示 提问2：讨论分段函数在分段点处的连续性应该用什么方法呢？	单侧连续与连续的关系定理应用 思考题：讨论函数 $y = \begin{cases} 2x+1, & x \geq 0 \\ x^2-1, & x < 0 \end{cases}$ 在 $x=0$ 处的连续性。 解：由于 $\lim\limits_{x \to 0^-} y = \lim\limits_{x \to 0^-}(x^2-1) = 0-1 = -1$，$\lim\limits_{x \to 0^+} y = \lim\limits_{x \to 0^+}(2x+1) = 0+1 = 1$，即左右极限不相等，则函数在 $x=0$ 处极限不存在，因此该函数在 $x=0$ 处不连续。但是，因为 $f(0) = 1 = f(0^+)$，所以函数 y 在 $x=0$ 处右连续。 小结：分段函数在分段处的连续性的问题应该用单侧连续与连续的关系的定理加以解决。这是本节课的一个重点和难点，提醒学生特别注意。	通过典型例题讲解，加深学生对定理的理解，使其了解定理的实际应用，引导学生知行合一。
	6．课堂练习（5分钟）	
提 问：本题的证明应该用什么方法？ 让学生分小组讨论，思考题目，选择方法，证明结果。 PPT 展示	课堂练习 　　证明函数 $y = \sin x$ 在 $(-\infty, +\infty)$ 内是连续的。 思考：本题的证明应该用什么方法？ 分析：本题要求证明一个函数在一个区间上连续，所以应该用增量定义法来证明。 证明：设 x 是区间 $(-\infty, +\infty)$ 内任意一点，增量为 Δx，则对应的函数增量为 $\Delta y = \sin(x+\Delta x) - \sin x = 2\sin\dfrac{\Delta x}{2}\cos\left(x+\dfrac{\Delta x}{2}\right)$，所以 $\lim\limits_{\Delta x \to 0} \Delta y = 0$，则正弦函数 $y = \sin x$ 在 x 连续，由 x 的任意性可知，正弦函数 $y = \sin x$ 在 $(-\infty, +\infty)$ 内连续。 【课堂思考】同学们能想出可用于描述"连续"的中国古诗词吗？ 教师：青山遮不住，毕竟东流去。 　　孤帆远影碧空尽，唯见长江天际流。	讲练结合，让学生在实践中巩固课堂所学，提高学生解决实际问题以及理论联系实际的能力。教师引导学生联想与"连续"意思接近的古诗词，使人文教育与数学知识融合、思想引领与数学教学融合。

（续上表）

教学环节	教学内容	教学目的
	7. 小结与思考拓展（3分钟）	
小结加深学生对本节课内容的印象，引导学生对下节课要解决的问题进行思考。	小结（2分钟） （1）函数连续的两个等价定义。 （2）函数的单侧连续的定义。 （3）函数单侧连续与函数在某一点处连续的关系。 （4）分段函数在分段点处的连续性的含义。 （5）分段函数在分段点处的连续性的判别方法。	培养学生总结梳理的习惯，使其在总结中对整节课形成系统的认识。
	思考拓展（1分钟） （1）极限与连续之间有什么关系？函数的连续性的性质有哪些？引出下一节课闭区间上连续函数的性质的内容。 （2）连续性是函数的一个重要特性，除此之外函数还有一个重要的特性——可导性。为下一节课导数的内容作铺垫。 （3）函数的连续性在现实中还有哪些应用？	根据本节课内容给出一些思考拓展问题，引出下一节课的教学问题。

（三）教学评价

本节课的教学内容是教材第一章的函数的连续性，其教学重点是函数连续的两个等价定义，函数的左连续、右连续的定义，单侧连续与函数在某一点处连续的关系；难点是分段函数在分段点处的连续性的判别方法、函数连续的极限定义、函数连续的两个等价定义。

本节课的教学内容通过实例引入、概念引出、深化迁移、静态思维与动态思维相结合的方式讲解了函数的连续性。这让学生经历从直观感受到理性认识、从观察现象到抽象概念的过程，逐步深入了解和学习函数连续性这一特性，并且从不同角度看待函数连续，了解函数连续的等价定义，形成完整的知识框架，对所学内容有更全面和更深入的认识。

本节课以情境教学的方式引入内容，从教师小时候的亲身经历出发，结合农作物的生长和气温变化两个实例介绍了连续性的直观表现。本节课的案例教学不仅激发了学生的学习热情，还达到了课程思政的教学目标。教师从实例出发，引导学生理解连续性的特征，再利用极限思想将之转化成严格的数学定义，并挖掘了单侧连续与连续的内在关系，使学生掌握运用定义证明连续点、连续函数的方法。

整节课以问题驱动课堂，并强调"利用已知解决未知"的数学思想。教师通过本节教学，构建利于学生学习的有效教学情境，让学生充分体会数学源于生活但只抽象出其数学特征的特点；使学生从日常生活和自然现象出发，通过观察和思考，养成主动发现问题、获取知识和敢于探求新知的习惯；激发学生的求知欲，同时培养其批判性思维。

（四）板书设计

1. 函数连续的定义

若$\lim\limits_{x \to x_0} f(x) = f(x_0)$，则称函数 $y = f(x)$ 在点 x_0 处连续

$\Leftrightarrow \lim\limits_{x \to x_0} \left[f(x) - f(x_0) \right] = 0$

$\Leftrightarrow \lim\limits_{\Delta x \to 0} \Delta y = 0$

2. 函数的单侧连续

3. 函数在 x_0 处左连续且右连续 $\Leftrightarrow$ 函数在 x_0 处连续

五、教学反思

（一）教学成效及问题反思

1. 以现实热点问题和生活实例引入课题，激发学生学习兴趣，提升教学效果

本节课从教师小时候的亲身经历出发，结合小豆苗生长以及气温变化两个实例引入新课内容，大大激发了学生的学习兴趣，提高了学生的学习主动性，进而提升了课堂教学效果。虽然在很短的时间里小豆苗生长高度变化不明显，但是随着时间的推移，很小的量积累起来会有很大的变化，

正所谓"滴水穿石",由此鼓励学生每天进步一小点,日积月累也会有大的进步,达到了课程思政的教学目标。

2. 理论联系实际的案例略显不足

由于课堂时间的限制,本节内容的理论与现实应用的介绍的丰富程度还不够,仅在课题引入后简要提及了本节内容的部分应用,在理论联系实际方面还稍显不足。函数连续可应用于现实生活中的很多方面,教师可以更广泛地引入现实案例,以达到理论联系实际以及将数学学习与生产生活相结合的教学目标。

3. 师生互动略显不足

教学过程中,虽然教师设置了多个提问和思考环节,但是因为学生前期的知识储备有限以及担心回答错误,其回答问题的积极性、主动性仍显不足。另外,由于学习内容的难度较高、抽象性较强,学生畏难情绪较严重,致使学生思考的活跃度有限,教师应多鼓励学生表达自己的想法,增进师生互动。

(二)改进措施

1. 延伸课堂内容,弥补课堂不足

由于课堂时间有限而不能全面充分地介绍函数连续性的现实应用,教师可以把问题延伸到课堂之外,让学生查阅资料,了解本节课理论知识的现实应用,广泛积累多行业知识,拓展知识面,提高综合素养。

2. 设置形式多样的互动环节,提高学生学习主动性

在教学设计中,除了提问、课堂思考、课堂讨论等互动方式,教师可以尝试用师生角色互换的方式,让学生讲解某一个知识点或者例题,激发学生的学习兴趣,提高学生的学习主动性。

六、课后作业和预习任务

(一)课后作业

(1)课本教材习题 1 - 5:1、3。

（2）通过智慧树网址 http://t. zhihuishu. com/EwGBE？courseId ＝ 10328967观看本节课教学视频。

（3）思考拓展：

①极限与连续之间有什么关系？

②函数的连续性的性质有哪些？

③函数的连续性在现实中还有哪些应用？

（二）预习任务

（1）预习教材"2. 2连续函数的主要性质以及导数的概念"的内容。

（2）通过智慧树网址 http://t. zhihuishu. com/EwGBE？courseId ＝ 10328967观看"连续函数的主要性质以及导数的概念"慕课视频。

第三节　大学数学课堂教学设计——导数的概念

主题名称：导数的概念

课　　　时：1学时

一、学情及内容分析

（一）教学内容分析

1. 教学内容

导数是全面研究微积分的重要方法和基本工具，它在物理学、经济学等学科和生产、生活的各个领域都有广泛的应用。导数的出现推动了人类科学和技术的发展。导数是微积分中的一个重要概念，它是学习微积分后续知识的基础。本节内容在使学生理解瞬时变化率的基础上，讲解函数在一点处的导数的极限定义、导函数的定义、点导数和导函数的关系以及一点处的导数与单侧导数的关系。以极限的思想来讲授导数的定义，这既是对旧知识的运用，也是对极限思想的拓展与加深。导数的几何意义、可导与连续的关系等内容也是学生在本节课需要掌握的重要知识。

2．教学重点

（1）函数在一点处可导的极限定义与导函数的定义。

（2）运用定义证明函数在一点处可导的方法。

（3）一点处的导数与单侧导数的关系。

3．教学难点

（1）函数在一点处可导的极限定义。

（2）分段函数在分段点处的导数的求解方法。

（二）学生情况分析

1．知识方面

函数的连续性和可导性均是函数的重要特性。学生已经学习了函数的连续性，在此基础上继续学习函数的可导性。学生在高中阶段已经学习了导数的简单计算及简单应用，但是他们基本只是了解了公式，对于导数的定义、导数的几何意义、可导与连续的关系等内容的学习并不深入。学生在前面两节课已经学习了极限和连续的内容，那些内容都是学习本节课的基础。

2．能力方面

通过前期对极限和连续的学习，学生已经领会了无限逼近的极限思想，具备了计算数列极限的能力以及判断函数在一点或者一个区间是否连续的逻辑推理能力和判断能力，这些都是学习本节内容的能力基础。但是学生的抽象概括、归纳总结和运用数学理论解决实际问题的能力还有不足。

3．价值观方面

学生常常觉得大学数学的内容比较抽象难懂，容易出现消极的学习态度和畏难情绪。本节课的内容涉及四个定义、一个重要定理和一个重要方法，如何理解和运用它们是学生学习的困难之处。教师在教学中要由浅入深、启发诱导，让学生树立信心、乐于学习。

二、教学目标

（一）知识传授目标

1. 掌握基本概念、基本理论和基本方法

本节课让学生理解和掌握函数在一点处可导的极限定义；理解导函数的定义，以及点导数与导函数的关系；掌握运用定义证明函数在一点处可导的方法；理解一点处的导数与单侧导数的关系、可导与连续的关系。

2. 了解知识的现代应用，拓展知识积累

教师通过本节课的教学，让学生了解导数在物理学、经济学等学科中的广泛应用，让学生开阔视野、拓展知识积累；引导学生关注现代科技发展的现状，培养学生理论联系实际的务实精神。

（二）能力培养目标

1. 培养学生的观察类比、抽象概括和逻辑推理能力

以极限的思想来体会和理解导数的定义，这既是对旧知识的运用，也是对极限思想的拓展与加深。在讲解导数的定义时，从平均速度到瞬时速度的转化这一知识点深刻体现了无限逼近的数学思想以及从直观到抽象、从近似到精确的思维递进过程。本节课有利于培养学生从直观感受到抽象概念的观察类比、抽象概括以及逻辑推理能力，引导学生通过对理论知识和方法的学习解决实际问题，达到学以致用的目的。

2. 培养学生"发现问题，解决问题""利用已知解决未知"的综合运用能力

从实例引入导数的定义，教师启发学生思考并运用极限思想和极限方法，通过归纳概括最终得到导数的极限定义。定义的形成过程正是一个"发现问题，解决问题"的过程，而在解决问题的过程中，学生会利用旧知识解决新问题，教师能在探索定义的过程中培养学生"利用已知解决未知"的能力。

3. 培养学生的数学素养与数学审美能力

导数的定义用极其简约的数学符号刻画了瞬时变化率的问题。几何中

的切线斜率、物理学中的瞬时速度等复杂的问题均可以用导数来刻画，这充分体现了数学的简约美和统一美。通过本节课的讲解，教师进一步引导学生认识数学的美、欣赏数学的美。在讲解本节内容时，教师列举实际应用案例，以此提升学生的数学素养。

（三）价值引领目标

1. 以奥运案例激发学生刻苦拼搏的精神，激发爱国热情和民族自信

本节课程的内容由浅入深、从直观到抽象，以郭晶晶在 2008 年北京奥运会的比赛为案例引入课题，可以激发学生的爱国热情和民族自豪感。奥运冠军刻苦拼搏的实例能帮助学生树立积极向上的人生观，引导学生明白学习的价值和意义、树立个人的学习目标和努力方向，激励学生在学习中不畏艰难、勇于攀登科学高峰。

2. 以问题为主线索，培养学生勤学好问、探索进取的求学精神

在教学中，教师巧妙设置悬念，让学生发现问题、解决问题、以问题为导向，在解决问题的全过程中引导学生透过现象看本质，层层深入地抽象概括出导数的定义，潜移默化地培养学生勤学好问、探索进取的求学精神。

3. 培养学生求真务实、知行合一的精神以及科技报国的理想

教师在教学内容中融入导数在多个领域中的应用实例，让学生更了解数学、热爱数学，由此培养学生"从生活中来，到生活中去"的意识以及求真务实、脚踏实地地用科技改变生活、用科技提高生产力的意识，在他们心中根植科技报国的理想信念。

（四）过程与方法目标

1. 案例教学融入思政理念，创设教学情境，强化立德树人

本节课教学内容以 2008 年北京奥运会跳水项目为案例引入，不仅能创设教学情境，吸引学生的注意力，还能激发学生的爱国主义热情，将案例教学与思政治教育相结合，强化立德树人。

2. 设置悬念，问题驱动，活跃课堂互动与教学氛围

启发式提问和课堂思考等形式的互动教学贯穿教学过程始终。互动教学不仅可以增进师生互动交流，还可以活跃课堂气氛。互动环节让学生积极参与到教学过程当中，体现"生本"理念，提高学生的学习积极性和主动性。

3. 理论联系实际，鼓励学生学以致用

教师通过介绍导数在各领域中的应用实例，鼓励学生用数学思想、理论、方法解决社会生产生活的实际问题，鼓励学生"学好数学，用好数学"，以讲练结合的教学方式培养学生理论联系实际、学以致用的能力。

三、教学方法与手段

（一）教学方法

1. 案例教学创设教学情境，设置悬念，激发学生兴趣

以郭晶晶在 2008 年北京奥运会的跳水比赛为实例引出本节内容，以郭晶晶跳水时在一段时间内的平均速度为 0 设置一个悬念，引发学生思考，通过矛盾转化的方法，为本节课的内容创设教学情境，为抽象概念的引入奠定良好的基础。郭晶晶是我国优秀的运动员，她夺冠的经历无疑能让学生感到振奋，这无形中激发了学生的爱国热情和求知的欲望。

2. 运用"问题驱动课堂"的教学方式，引导学生思考并主动探究未知

本节课的教学内容从数值与现实的矛盾切入，由此构建一个新问题，其后通过极限思想和方法解决这个矛盾，进而归纳抽象出函数在一点处可导的极限定义以及导函数的定义。教学以问题驱动方式开展，引导学生发现问题、解决问题，让学生积极参与教学过程，培养学生主动学习、积极思考、勇于探索的精神，达到融入课程思政的教学目的。

3. 运用数形结合的教学方式，将抽象内容具象化，帮助学生理解

本节教学内容中，导数的概念是重点也是难点，这个概念本身比较抽象。为了帮助学生更好地理解导数的概念和导数的几何意义，教师采用数形结合的教学方式展开教学，将抽象问题以生动形象的方式展现给学生，增强学生的学习兴趣和学习信心，提升课堂教学效果。

4. 古诗词与数学内容相融合，延伸课堂广度与深度，传承中华文化

本节教学过程中，随着教学内容的不断推进，教师设置多个提问环节，并在经典例题讲解结束后设置思考题，其目的是让学生积极参与到教学过程中，提高学生的学习积极性和主动性，提升教学效果。课堂思考环节以中国古诗词为依托，将可导的实质与古诗词意境进行恰当衔接融合，将人文情怀注入数学课堂，植入中华传统文化的传承使命，体现课堂的广度与深度。

（二）教学手段

1. 传统的"黑板 + 粉笔"的板书

导数是微积分中非常重要的概念，贯穿课程的始终。教师需要将重点内容进行板书，这既可以突出本节课的主要知识和重点知识，吸引学生的注意，又可以加深学生的印象。

2. 多媒体教学

在教学过程中用 PPT 给学生展示 2008 年奥运会的相关图像、动画等内容，以更加生动直观的形式呈现教学内容，能更好地吸引学生的注意，增强其学习兴趣。

3. 将数学绘图软件应用到教学中

为了更好地展示"切线是割线的极限位置"这一无限逼近的渐进过程，教师将数形结合的教学方法运用在课堂中，运用数学绘图软件制作教学图像、动画，提高教学资源的质量，丰富课堂教学形式与内容，提升教学效果。

四、教学过程

（一）教学框架（见表5-5）

表5-5　导数的概念教学框架

时间	教学内容要点
8分钟	1. 导数的概念的实例引入
6分钟	2. 函数在一点处可导的极限定义及例题巩固
4分钟	3. 导函数的定义
4分钟	4. 课堂思考题
6分钟	5. 单侧导数及其与可导的关系
14分钟	6. 典型例题巩固
3分钟	7. 小结与思考拓展

（二）教学过程（见表5-6）

表5-6　导数的概念教学过程

教学环节	教学内容	教学目的
1. 导数的概念的实例引入（8分钟）		
介绍导数的背景知识及重要性，以实例引入导数的定义，创设教学情境，切入新课内容。	背景介绍　前面我们学习了一元函数的极限与连续，那部分讲述的是变量之间的依赖关系以及变量的变化趋势。今天我们研究导数，导数概念是刻画因变量随自变量变化而变化的快慢程度在数学上的一种抽象，即变化率的问题。	以2008年北京奥运会跳水比赛为案例引入。郭晶晶是我国优秀的运动员，她夺冠的经历能让学生感到振奋，这无形中会激发学生的爱国热情和求知欲。

155

（续上表）

教学环节	教学内容	教学目的
PPT 展示 提问1：运动员在 $0 \le t \le \frac{65}{49}$ 这段时间里的平均速度是多少？ 提问2：运动员在这段时间里是静止的吗？ 提问3：用平均速度来描述她的运动状态有什么问题吗？ 提问4：瞬时速度和平均速度有什么关系？	导数是近代数学中微积分的核心概念之一，是一种重要的思想方法，也是大学数学中的重要内容。导数的方法是后续全面研究微积分的重要方法和基本工具。 实例1：瞬时速度问题（4分钟） 展示郭晶晶在2008年北京奥运会跳水比赛上的图片。 假如在比赛过程中，运动员相对水面的高度 $h(t)$ 与起跳后的时间 t 存在这样一个函数关系：$h(t) = -4.9t^2 + 6.5t + 10$。 思考：计算运动员在 $0 \le t \le \frac{65}{49}$ 这段时间里的平均速度，并思考下面的问题： （1）运动员在这段时间里是静止的吗？ （2）用平均速度来描述她的运动状态有什么问题吗？ 分析：通过计算不难发现运动员在这段时间里的平均速度为0，难道在这段时间里运动员是静止的吗？当然不是！这段时间里她一直是运动的，而不是静止的。为何会出现这样的矛盾呢？ 结论：数值与现实之间的矛盾使学生意识到平均速度只能粗略地描述物体在某段时间内的运动状态。为了能更精确地刻画物体运动，我们有必要研究某个时刻的速度，即瞬时速度。 思考：怎么求得瞬时速度？ 分析：要求瞬时速度，就要研究 $t = t_0$ 附近的平均速度变化。既然是附近，则存在之前与之后两种情况，而且时间的间隔应足够小。因此，最好的方法就是用 Δt 来表示时间改变量。Δt 时间内平均速度 $\bar v$ 为：$\bar v = \frac{h(t_0 + \Delta t) - h(t_0)}{\Delta t}$， 启发学生思考 t_0 附近的平均速度与 t_0 时刻瞬时速度的大小关系。不难发现：在 $t = t_0$ 时刻，$\Delta t \to 0$ 时，平均速度趋于瞬时速度。这个确定的值即瞬时速度，为了更明确地表述趋近的过程，可用极限的思想来表示：$\lim\limits_{\Delta t \to 0} \frac{h(t_0 + \Delta t) - h(t_0)}{\Delta t} = v(t_0)$。	通过数值与现实产生的矛盾设置悬念，激发学生的学习兴趣和学习动力。教师层层深入引导学生发现问题、解决问题，让学生积极参与到教学过程中，培养学生主动学习、积极思考、勇于探索的精神，达到课程思政的教学目的。

（续上表）

教学环节	教学内容	教学目的
提问5：如何求曲线上任意点处的切线方程？ 在实例1的基础上继续引入实例2，加深学生对于瞬时变化率的理解。 PPT展示	实例2：切线斜率问题（4分钟） 思考：已知平面曲线方程，求其上任意点处的切线方程。 分析：此问题的关键在于确定切线的斜率。 　　首先，我们给出曲线在一点处的切线的定义：如图所示，点 $P_0(x_0, y_0)$ 在曲线 $y=f(x)$ 上，点 $P(x, y)$ 是该曲线上的另一点，当动点 P 沿着曲线无限接近定点 P_0 时，割线 P_0P 的极限位置 P_0T 即为曲线 $y=f(x)$ 在点 $P_0(x_0, y_0)$ 处的切线。 在上述过程中，割线 P_0P 的斜率为：$\bar{k} = \dfrac{y-y_0}{x-x_0} = \dfrac{f(x)-f(x_0)}{x-x_0}$。 　　令 $\Delta x = x-x_0$，$\Delta y = f(x)-f(x_0)$，割线 P_0P 的斜率也可以表示为：$\bar{k} = \dfrac{\Delta y}{\Delta x} = \dfrac{f(x_0+\Delta x)-f(x_0)}{\Delta x}$。 　　当点 P 沿曲线 $y=f(x)$ 移动且无限接近点 P_0，即 $\Delta x \to 0$ 时，割线 P_0P 就成为切线 P_0T 了，于是 $\bar{k}$ 的极限值就是切线 P_0T 的斜率 $k = \tan\alpha$，即	通过数形结合的方式帮助学生理解瞬时变化率，为其后续理解导数的定义以及导数的几何意义作准备。

（续上表）

教学环节	教学内容	教学目的
提示：可以把过 P_0 的切线看成过 P_0 的割线的极限位置。 归纳总结两个实例共同的求解步骤，引出导数的定义。	$k = \lim\limits_{\Delta x \to 0} \bar{k} = \lim\limits_{\Delta x \to 0} \dfrac{\Delta y}{\Delta x} = \lim\limits_{\Delta x \to 0} \dfrac{f(x_0 + \Delta x) - f(x_0)}{\Delta x}$ $= \lim\limits_{x \to x_0} \dfrac{f(x) - f(x_0)}{x - x_0}$。 小结：将瞬时速度、切线斜率一般化，将具体的问题抽象为数学问题，引出了导数的定义，解决了重点，突破了难点，帮助学生完成了思维的飞跃，并借此机会介绍导数在微积分以及现实生活中的广泛应用，让学生在受到数学文化熏陶的同时，体会到学习导数的重要意义。 总结求解的步骤： （1）给出自变量的增量求函数值的增量； （2）求增量比； （3）取极限。	将瞬时速度、切线斜率一般化，将具体的问题抽象为数学问题，引出导数的定义。帮助学生完成思维的飞跃，并借此机会介绍导数在微积分以及现实生活中的广泛应用，让学生在受到数学文化熏陶的同时，体会学习导数的重要意义。
2. 函数在一点处可导的极限定义及例题巩固（6分钟）		
根据实例归纳抽象出导数的定义。 PPT 加板书：函数在一点处可导的极限定义。	归纳抽象，形成概念（3分钟） 定义：设函数 $y = f(x)$ 在点 x_0 的某个邻域内有定义，当自变量 x 在 x_0 处取得增量 Δx（点 $x_0 + \Delta x$ 仍在该邻域内）时，函数 y 取得增量 $\Delta y = f(x_0 + \Delta x) - f(x_0)$，如果极限 $\lim\limits_{\Delta x \to 0} \dfrac{\Delta y}{\Delta x} = \lim\limits_{\Delta x \to 0} \dfrac{f(x_0 + \Delta x) - f(x_0)}{\Delta x}$ 存在，则称函数 $f(x)$ 在点 x_0 处可导，并称此极限值为函数 $f(x)$ 在点 x_0 处的导数，记作 $f'(x_0)$，即 $f'(x_0) = \lim\limits_{\Delta x \to 0} \dfrac{\Delta y}{\Delta x} = \lim\limits_{\Delta x \to 0} \dfrac{f(x_0 + \Delta x) - f(x_0)}{\Delta x}$。	通过前面两个实例，可以抽象出数学定义，从而培养学生概括总结和抽象归纳的能力；通过探求导数定义的等价形式，帮助学生更好地理解定义、举一反三。

（续上表）

教学环节	教学内容	教学目的
提问：导数的极限定义式有等价的表达形式吗？	也可记作 $y'(x_0)$，$\dfrac{\mathrm{d}y}{\mathrm{d}x}\Big|_{x=x_0}$ 或 $\dfrac{\mathrm{d}f(x)}{\mathrm{d}x}\Big|_{x=x_0}$。 如果极限不存在，则称 $f(x)$ 在点 x_0 处不可导。 小结：$f(x)$ 在点 x_0 处导数的等价形式：$f'(x_0)=\lim\limits_{x\to x_0}\dfrac{f(x)-f(x_0)}{x-x_0}$。	
典型例题，巩固新知，简单应用，强化理解。	针对定义，例题巩固（3分钟） 【例1】设 $y=x^2$，求 $y'\big|_{x=2}$。 解：因为 $\Delta y=f(x_0+\Delta x)-f(x_0)=(2+\Delta x)^2-2^2=4\Delta x+(\Delta x)^2$，$\lim\limits_{\Delta x\to 0}\dfrac{\Delta y}{\Delta x}=\lim\limits_{\Delta x\to 0}\dfrac{4\Delta x+(\Delta x)^2}{\Delta x}=\lim\limits_{\Delta x\to 0}4+\Delta x=4$，所以 $y'\big|_{x=2}=4$。	通过一个简单题目巩固知识，并以此例引出导函数的内容。
	3. 导函数的定义（4分钟）	
概念内化，举一反三，引出导函数的概念。 提问1：如果将上个例题中的定点 $x=2$ 改为任意点会有什么结果？	思考：如果将上个例题中的定点 $x=2$ 改为任意点 x 会有什么结果？ 分析：如果将上个例题中的定点 $x=2$ 改为任意点 x，则有如下结果：$\lim\limits_{\Delta x\to 0}\dfrac{\Delta y}{\Delta x}=\lim\limits_{\Delta x\to 0}\dfrac{(x+\Delta x)^2-x^2}{\Delta x}=\lim\limits_{\Delta x\to 0}2x+\Delta x=2x$。其结果表示的是 x 的函数，称为函数 $y=x^2$ 的导函数。 定义：如果函数 $y=f(x)$ 在开区间 (a,b) 内每一点 x 处可导，则称 $f(x)$ 在开区间 (a,b) 内可导。这时，对于任意的 $x\in(a,b)$，都对应着一个确定的导数值 $f'(x)$，它是 x 的函数，我们称这个函数为 $f(x)$ 的导函数，记作：y'，	推导函数在某一定点的导数到任意一点的导函数是概念深化和举一反三的过程，有利于加深学生对新知识的理解，使他们弄清概念之间的内在联系。

（续上表）

教学环节	教学内容	教学目的
提问2：点导数和导函数有什么关系？ PPT 加板书：导函数定义。	$f'(x)$，$\dfrac{\mathrm{d}y}{\mathrm{d}x}$或$\dfrac{\mathrm{d}f(x)}{\mathrm{d}x}$，即 $y'=\lim\limits_{\Delta x \to 0}\dfrac{f(x+\Delta x)-f(x)}{\Delta x}$。 思考：点导数和导函数有什么关系？ 　　显然，可导函数 $f(x)$ 在点 x_0 处的导数 $f'(x_0)$ 等于导函数 $f'(x)$ 在点 x_0 处的函数值，即 $f'(x_0)=f'(x)\big|_{x=x_0}$。 小结：正如"请君试问东流水，别意与之谁短长"（唐·李白《金陵酒肆留别》），"谁短长"刻画的就是相对大小，即相对变化率。导数的实质就是相对变化率。 教师引导：中华传统文化中蕴藏着丰富的知识，既有文学知识，也有科学知识，同学们在学习的道路上要成为有知识、有文化，既可计算变化率，又可与君论短长的全面有趣的新时代青年。	引入古典诗词，融入文学元素，体现课堂的广度与深度，植入传承中华传统文化的使命。
4. 课堂思考题（4分钟）		
运用概念，解决问题。	课堂思考，深刻体会 思考题：$\lim\limits_{h \to 0}\dfrac{f(x-h)-f(x)}{h}$ 与 $f'(x)$ 有什么关系？ 分析：请与导数的极限定义比较。 解： $$\lim\limits_{h \to 0}\dfrac{f(x-h)-f(x)}{h}=\lim\limits_{h \to 0}\dfrac{f(x-h)-f(x)}{-h}(-1)$$ $$=-f'(x)。$$	以课堂思考题加深学生对导数概念的理解。

（续上表）

教学环节	教学内容	教学目的
	5. 单侧导数及其与可导的关系（6 分钟）	
内容递进，深入研究，介绍单侧导数的定义，并解析单侧导数与可导的关系。 PPT 加板书：单侧导数。	单侧导数（4 分钟） 定义：设函数 $f(x)$ 在点 x_0 的某个左邻域内有定义，如果极限 $\lim\limits_{\Delta x \to 0^-}\dfrac{f(x_0+\Delta x)-f(x_0)}{\Delta x}$ 存在，则称函数 $f(x)$ 在点 x_0 处左可导，该极限值称为函数 $f(x)$ 在点 x_0 处的左导数，记作 $f'_-(x_0)$，即 $f'_-(x_0)=\lim\limits_{\Delta x \to 0^-}\dfrac{f(x_0+\Delta x)-f(x_0)}{\Delta x}$ 或 $f'_-(x_0)=\lim\limits_{x \to x_0^-}\dfrac{f(x)-f(x_0)}{x-x_0}$。 类似地，可定义 $f(x)$ 在点 x_0 处的右导数 $f'_+(x_0)$，即 $f'_+(x_0)=\lim\limits_{\Delta x \to 0^+}\dfrac{f(x_0+\Delta x)-f(x_0)}{\Delta x}$ 或 $f'_+(x_0)=\lim\limits_{x \to x_0^+}\dfrac{f(x)-f(x_0)}{x-x_0}$。 左导数和右导数统称为单侧导数。	完善导数的知识框架，帮助学生构建完整的知识体系，让学生体会概念的系统性和关联性。
	单侧导数与可导的关系（2 分钟） 定理：函数 $f(x)$ 在点 x_0 处可导的充要条件是左导数 $f'_-(x_0)$ 和右导数 $f'_+(x_0)$ 都存在，且 $f'_-(x_0)=f'_+(x_0)$。	
	6. 典型例题巩固（14 分钟）	
运用知识解决实际问题。 PPT 展示	利用导数定义求解简单的函数的导数 【例 2】求常数函数 $y=f(x)=C$（C 为常数）的导数。 解：因为 $\Delta y=f(x+\Delta x)-f(x)=0$， 从而 $\lim\limits_{\Delta x \to 0}\dfrac{\Delta y}{\Delta x}=0$，故 $(C)'=0$。 这就是说，常数函数的导数恒等于零。 【例 3】求幂函数 $y=x^n$（n 为正整数）的导数。 解：由二项式定理，可得 $\Delta y=(x+\Delta x)^n-x^n=$	通过实际例子，加深学生对导数定义的理解和掌握；特别强调分段函数在分段点处的导数的求解方法，引起学生的注意。

（续上表）

教学环节	教学内容	教学目的
提问：分段函数在分段点处的导数可以用导数的极限定义来求解吗？	$nx^{n-1}\Delta x + \dfrac{n(n-1)}{2}x^{n-2}(\Delta x)^2 + \cdots + (\Delta x)^n$，于是有 $\lim\limits_{\Delta x \to 0}\dfrac{\Delta y}{\Delta x}$ $= \lim\limits_{\Delta x \to 0}\dfrac{nx^{n-1}\Delta x + \dfrac{n(n-1)}{2}x^{n-2}(\Delta x)^2 + \cdots + (\Delta x)^n}{\Delta x}$ $= nx^{n-1}$，所以 $(x^n)' = nx^{n-1}$。 小结：对于较简单的函数，可用导数的极限定义式求解导数。 思考：对于一般的函数，其导数应该如何求解呢？ 分段函数在分段点处的导数求解 【例4】讨论函数 $y = f(x) = \lvert x \rvert$ 在 $x = 0$ 处的可导性。 思考：绝对值函数在原点处的导数怎么求解？ 分析：$x = 0$ 是绝对值函数的分段点，由于在 $x = 0$ 左右邻域的定义方式不同，故而必须要按左右导数分别求解。 解：因为 $\dfrac{\Delta y}{\Delta x} = \dfrac{f(0+\Delta x)-f(0)}{\Delta x} = \dfrac{\lvert 0+\Delta x \rvert - 0}{\Delta x} = \dfrac{\lvert \Delta x \rvert}{\Delta x}$，所以 $f'_-(0) = \lim\limits_{\Delta x \to 0^-}\dfrac{\Delta y}{\Delta x} = \lim\limits_{\Delta x \to 0^-}\dfrac{-\Delta x}{\Delta x} = -1$， $f'_+(0) = \lim\limits_{\Delta x \to 0^+}\dfrac{\Delta y}{\Delta x} = \lim\limits_{\Delta x \to 0^+}\dfrac{\Delta x}{\Delta x} = 1$。 于是 $f'_-(0) \neq f'_+(0)$，因此函数 $f(x) = \lvert x \rvert$ 在 $x = 0$ 处不可导。 注意：分段函数在分段点处的导数，由于左右邻域的定义方式不同，故而必须要按左右导数分别求解，再根据可导的充要条件判断分段点的可导性。这是学生经常出错的地方，要重点强调。	

（续上表）

教学环节	教学内容	教学目的
	7. 小结与思考拓展（3分钟）	
小结加深学生对本节课内容的印象，引导学生对下节课要解决的问题进行思考。	小结（2分钟） （1）函数在一点处可导的极限定义。 （2）导函数的定义。 （3）单侧导数的定义。 （4）单侧导数与可导的关系。 （5）分段函数在分段点处导数的求解方法。	培养学生总结梳理知识点的习惯，使其在总结中对整节课形成系统的认识。
	思考拓展（1分钟） （1）可导与连续之间有什么关系？为下一节课的内容作铺垫。 （2）通过实例2你能发现导数的几何意义是什么吗？又应该如何将之应用在几何问题中呢？ （3）用定义去求解函数的导数非常烦琐，有没有简便易行的方法呢？引出下一节课导数的计算内容。 （4）导数在物理、经济、航空航天等领域有丰富应用，除此之外，它还在哪些领域有应用呢？	根据本节课内容给出一些思考拓展问题，引出下一节课的教学问题。

（三）教学评价

本节课的教学内容是教材第二章的导数的概念，其教学重点是函数在一点处可导的极限定义与导函数的定义、运用定义证明函数在一点处可导的方法、一点处的导数与单侧导数的关系；难点是函数在一点处可导的极限定义、分段函数在分段点处的导数的求解方法。

本节课的教学内容从数值与现实的矛盾切入，由此设置一个悬念，其后通过极限思想和方法解决这个矛盾，进而归纳抽象出函数在一点处可导的极限定义，再由特殊到一般，得到导函数的定义。这种问题驱动的教学模式可以激发学生的探知欲望。在由点导数的定义一般化得到导函数的定义的过程中，学生可以形成完整的知识脉络，对所学内容有更全面和更深入的认识。

本节课以情境教学的方式引入，郭晶晶在 2008 年北京奥运会比赛的案例能引发学生的爱国情感共鸣，这不仅构建出有利于学生学习的有效教学情境，还让学生充分体会数学源于生活但只抽象出其数学特征的特点，并用简洁的内容刻画数学特征。教师由此引导学生认识数学的美、欣赏数学的美。案例教学培养学生从日常生活和自然现象出发，通过观察和思考，主动发现问题、获取知识和敢于探求新知的习惯，激发学生的求知欲，同时培养其批判性思维。

在小结导数的本质含义时引入古典诗词，不仅让学生体会数学与文学的巧妙结合，也让学生在自然学科的学习中体会文学元素，得到中国古典文化的滋养，增强文化自信。

（四）板书设计

1. 函数 $y = f(x)$ 在点 x_0 的导数

$$f'(x_0) = \lim_{\Delta x \to 0} \frac{\Delta y}{\Delta x} = \lim_{\Delta x \to 0} \frac{f(x_0 + \Delta x) - f(x_0)}{\Delta x}$$

2. 导函数

$$y' = \lim_{\Delta x \to 0} \frac{f(x + \Delta x) - f(x)}{\Delta x}$$

3. 可导

左导数：$f'_-(x_0) = \lim_{\Delta x \to 0^-} \frac{f(x_0 + \Delta x) - f(x_0)}{\Delta x}$

右导数：$f'_+(x_0) = \lim_{\Delta x \to 0^+} \frac{f(x_0 + \Delta x) - f(x_0)}{\Delta x}$

定理：左导数与右导数存在且相等 $\Leftrightarrow y = f(x)$ 在点 x_0 可导

五、教学反思

（一）教学成效及问题反思

1．用爱国题材实例引入课题，提升教学效果

本节课将郭晶晶参加 2008 年北京奥运会跳水比赛的情况作为实例引入内容，不仅大大提升了学生的学习兴趣，激发了学生的学习主动性、积极性和爱国热情，而且达到了思政入课堂的育人效果。

2．应用案例稍有不足，可扩大应用面、提升丰富度

本节教学中教师简单介绍了导数在物理、经济、航空航天等领域的应用，但受课堂时间的限制，教师在实际应用方面的案例介绍略有不足，虽然基本达到理论联系实际的教学目标，但是还有较大的提升空间。

3．课程思政的融入环节略为有限

教学过程中，虽然教师以 2008 年北京奥运会郭晶晶跳水比赛的案例和古典诗词融入课程思政，但是课程思政的丰富度还略有不足。教学全过程师生互动较为频繁，如果能在互动环节融入课程思政，学生更容易接受。

（二）改进措施

1．丰富教学案例，弥补应用案例的不足

虽然教师在课堂教学中简单介绍了导数在物理、经济、航空航天等领域的应用，但由于课堂时间有限而不能全面充分地介绍导数的现实应用。教师可以抛砖引玉，让学生查阅文献资料了解相关内容。这不仅可以让学生了解本节课理论知识的现实应用，拓展知识面，提高综合素养，关注现代科技的发展现状，了解数学理论的广泛应用，还能锻炼学生查阅资料的能力和自学能力，为个人的全面持续发展打下良好的基础。

2．丰富教学设计，设置形式多样的课程思政环节

在教学设计中，教师应丰富课程思政环节，让数学课与思政教育有机融合、协同育人。在教学中教师可以用丰富的教学案例、形式多样的互动环节来融入课程思政，在互动环节可以采用线上线下相结合的方式设置问

答、讨论、师生角色互换等活动，这不仅能给学生带来更丰富的交流方式和交流平台，为学生学习数学提供一个更广阔的空间，还能培养学生理论联系实际的实践能力和探索精神，以润物无声的方式渗透思想政治教育，真正实现寓思政于课程的目标。

六、课后作业和预习任务

（一）课后作业

（1）课本教材习题二：2、4、7。

（2）通过智慧树网址 http://t. zhihuishu. com/EwGBE? courseId = 10328967观看本节课教学视频。

（3）思考拓展：

①可导与连续之间有什么关系？

②导数的几何意义是什么？应该如何将之应用在几何问题中呢？

③用定义去求解函数的导数非常烦琐，有没有简单易行的方法呢？

④导数在其他领域还有哪些应用？

（二）预习任务

（1）预习教材"2.2 函数的求导法则"的内容。

（2）通过智慧树网址 http://t. zhihuishu. com/EwGBE? courseId = 10328967观看"函数的求导法则"慕课视频。

第四节　大学数学课堂教学设计——微分中值定理

主题名称：微分中值定理

课　　时：1 学时

一、学情及内容分析

（一）教学内容分析

1．教学内容

微分中值定理是一系列中值定理的总称，它是沟通导数值与函数值之间的桥梁，是利用导数的局部性质推断函数的整体性质的有力工具。中值定理名称的由来是在定理中出现了中值"ξ"，虽然我们对中值"ξ"缺乏定量的了解，但一般来说这并不影响中值定理的广泛应用。本节课将重点介绍罗尔中值定理和拉格朗日中值定理以及它们的应用，简要介绍柯西中值定理。本节课将介绍与课程内容有关的数学家和数学史，激发学生的学习兴趣。此外，本节课将采用数形结合的方式讲解定理内容，使抽象的定理更直观易懂，让学生体会数学源于生活但只抽象出其数学特征的特点，并学会用简洁的数学语言刻画其特征。

2．教学重点

（1）罗尔中值定理及其应用。

（2）拉格朗日中值定理及其应用。

3．教学难点

（1）罗尔中值定理及其应用。

（2）拉格朗日中值定理及其应用。

（二）学生情况分析

1. 知识方面

学生已经学习了函数和导数的有关知识，可以利用导数了解函数在某一特殊点所对应函数的值变化的局部特征。但是如果想了解函数在整个定义域上的整体性态，如单调性、极值、凹凸性和拐点等，就需要在导数和函数之间建立一座桥梁，微分中值定理就能够起到这样的作用。学生已经掌握的函数和导数的相关知识为本节课的学习奠定了基础。

2. 能力方面

通过前期的学习，学生已经具备了一定的从直观认知到抽象概括的能力，并且通过对极限和导数的学习，学生的计算能力有了一定程度的提高，但是运用数学定理进行理论推演的逻辑推理能力仍有不足。

3. 价值观方面

随着学习的深入，内容难度逐步提升。如果没有适应大学学习的节奏，学生容易在学习中迷失方向，失去学习数学的信心，并表现出消极的学习态度。本节课的内容全部与定理有关，内容比较抽象和枯燥，对逻辑推理能力的要求比较高，因此学生在学习中容易出现畏难情绪。

二、教学目标

（一）知识传授目标

1. 掌握基本定理和推理方法

本节课要重点讲解罗尔中值定理和拉格朗日中值定理，并让学生学会使用这两个定理证明不同类型的题目。在运用定理证明题目的过程中，学生可以体会构造的思想和过程，并掌握逻辑推理的思路与方法。

2. 了解中值定理的应用领域，形成多学科交叉融合的理念

在教学中，教师广泛介绍中值定理在各学科、各领域的应用实例，一方面可以开阔学生的眼界，鼓励学生学好数学、用好数学；另一方面帮助学生建立多学科交叉融合、互相促进的理念，为培养复合型人才打下基础。

3. 了解数学史，拓展知识积累

通过本节课内容的讲解，教师让学生了解与中值定理相关的数学家和数学史，开阔学生视野，拓展学生知识积累。

（二）能力培养目标

1. 培养学生的抽象思维、逻辑推理和归纳概括等能力

教师通过数形结合的方式让学生理解罗尔中值定理和拉格朗日中值定理的内容，培养学生从直观到抽象的抽象思维能力；通过运用定理证明不同类型的题目，培养学生的逻辑推理能力；通过讲解罗尔中值定理到拉格朗日中值定理的演变过程，培养学生从特殊到一般的归纳概括能力以及善于发现、勇于探索的科学精神。

2. 培养学生的基础研究能力

本节课内容的理论性和抽象性非常强，教学内容里包含了开展基础研究所需要的各种基本思想、方法论。从定理的演变形成到理论的运用、从构造的思想到问题的推理过程，都很好地诠释了科学研究的思路和方法。学生通过本节课的学习可以激发科学研究兴趣，培养科学研究能力。

3. 培养学生的数学审美能力

中值定理用极其简约的数学符号刻画了深刻而丰富的数学内涵，这充分体现了数学的简约美；定理中出现的中值"ξ"展现了数学的统一美。教师通过本节课的教学引导学生认识数学的美、欣赏数学的美。

（三）价值引领目标

1. 培养学生勤于思考、勇于探索、敢于挑战的求学精神，树立辩证唯物主义思想

从罗尔中值定理到拉格朗日中值定理的演变过程是由特殊到一般的递进过程，对这一过程的学习可以培养学生从特殊到一般的认知思维。教师从实例出发，层层深入地介绍中值定理及其应用，提升学生的学习主动性，打消学生的畏难情绪，激发学生的求知欲望。掌握从特殊到一般的事物认知规律可以帮助学生树立辩证唯物主义思想，同时培养学生勤于思考、勇于探索、敢于挑战的求学精神。

2．培养学生求真务实、知行合一的实践精神

在教学过程中，教师将数学定理与实际应用相结合，用理论知识解决实际问题，培养学生求真务实、知行合一的实践精神和实践意识。

（四）过程与方法目标

1．案例教学与互动教学配合，有机融入思政元素

教学过程以贴近生活的区间测速为教学案例，结合启发式提问，为学生打造身临其境的学习氛围，让学生成为课堂的主角。学生从案例出发积极主动地探知数学原理，找寻问题答案，挖掘现象与本质的关联。这种方式能让学生积极参与到教学过程当中，增强课堂活力，在教学中如盐入水地渗透价值引领，帮助学生树立夯实基础、科技报国的理想信念。

2．教学内容融入数学史，创设教学情境

教师介绍与微分中值定理相关的数学家和数学史，不仅恰当地创设了教学情境，吸引学生的注意，还拓展了学生的数学史知识，激发学生对本节课程的学习兴趣。

3．数形结合，突破定理的理解壁垒

微分中值定理部分的内容较抽象，面对抽象的数学理论，学生容易出现畏难情绪。用数形结合的方法讲解中值定理，可以帮助学生直观地了解定理内涵、理解定理内容，从而突破理解壁垒，提升教学效果。

4．理论与应用相结合，鼓励学生学以致用

本节教学在每一个定理内容后都设置了应用题目。指导学生利用定理解决各种类型的题目，培养其学以致用的能力以及理论联系实际的能力。

三、教学方法与手段

（一）教学方法

1．生活案例结合互动教学模式，实现"1＋1＞2"的教学效果

本节课以炮弹射击案例引入内容，创设有趣的教学氛围，再以贴近生活的区间测速为应用案例，强化数学理论的实际应用。教师结合启发式提

问，让学生积极思考、积极参与，使之成为课堂的主角。在案例教学与互动教学中，教师有意识地在问题与思考中融入夯实基础、科技报国的价值观，帮助学生树立远大的人生追求和理想信念，不仅实现了知识的传授与正向价值的输入，还帮助学生树立理想信念，实现"$1+1>2$"的教学效果。

2. 运用"任务驱动课堂"的教学方式，提升课堂教学效果

本节课的教学内容将中值定理与应用题目相结合，以任务驱动的方式让学生清楚认识到所学的数学知识有何用处，从而提升学生的学习兴趣；在应用题目的选择上，教师遵循典型性、多样性和启发性等原则，提高课堂教学效率，激发学生的学习积极性。

3. 运用线上线下相结合的教学模式，扩展教学路径，增进师生交流

为了丰富多元教学资源、扩展教学路径、扩充师生互动渠道，教师充分利用现代信息技术，采用线上线下相结合的教学模式，将课程教学从课堂以内延展到课堂之外。信息技术的使用能丰富学生的多重学习体验，让学生通过更多渠道参与教学过程，增强学生的学习获得感，提高学生的学习参与度与学习主动性。

（二）教学手段

1. 线上线下相结合

教师采用线上线下相结合的教学手段，丰富教学层次，扩展教学时空，增加师生沟通渠道，将课程教学从第一课堂延伸到第二课堂。

2. PPT 展示与传统的"黑板 + 粉笔"的板书相结合

教师用 PPT 给学生展示数形结合的教学内容。PPT 动画展示从罗尔中值定理演变为拉格朗日中值定理的几何意义，生动的画面吸引学生的注意，提高学生学习兴趣。教师讲授本节课的重点知识时，配合板书，可以达到突出重点的目的。

3. 将数学绘图软件应用到教学中

为了更好地展示中值定理的几何意义，教师把数学绘图软件应用到对教学资源的准备中，可丰富课程内容，提高教学资源的质量。

四、教学过程

(一) 教学框架 (见表 5-7)

表 5-7　微分中值定理的教学框架

时间	教学内容要点
3 分钟	1. 中值定理背景介绍及实例引入
5 分钟	2. 罗尔中值定理
5 分钟	3. 罗尔中值定理的应用举例
6 分钟	4. 拉格朗日中值定理
13 分钟	5. 拉格朗日中值定理的应用举例
5 分钟	6. 柯西中值定理
5 分钟	7. 课堂练习
3 分钟	8. 小结与思考拓展

(二) 教学过程 (见表 5-8)

表 5-8　微分中值定理的教学过程

教学环节	教学内容		教学目的
	1. 中值定理背景介绍及实例引入 (3 分钟)		
介绍中值定理的背景及相关的数学史和数学家,创设教学情境,切入新课内容。	背景介绍	B　BC平行于过D点的切线　C D	对中值定理的相关数学史和数学家的介绍可以让学生产生学习兴趣,并激发学生的求知欲。

（续上表）

教学环节	教学内容	教学目的
<u>PPT 展示</u> <u>提问</u>：如何确定垂直方向速度为零的时刻？	人们对微分中值定理的认识可以追溯到公元前古希腊时代，古希腊数学家在几何研究中得到如下结论："过抛物线弓形的顶点的切线必平行于抛物线弓形的底。"这正是拉格朗日中值定理的特殊情况。希腊著名数学家阿基米德正是巧妙地利用了这一结论，求出了抛物弓形的面积。 　　微分中值定理是一系列中值定理的总称，是研究函数的有力工具，其中最重要的内容是拉格朗日中值定理，可以说其他中值定理都是拉格朗日中值定理的特殊情况或推广。微分中值定理反映了导数的局部性与函数的整体性之间的关系，应用十分广泛。 实例引入 　　假设炮弹的运动轨迹是一条抛物线，初始位置和结束位置在同一水平线上，某一时刻垂直方向的速度将为零，如何确定该时刻？ 	以炮弹发射为例，考察其垂直速度为零的情况，借此引出罗尔中值定理。案例教学可以激发学生学习的兴趣和求知欲。
2. 罗尔中值定理（5 分钟）		
以数形结合的方式介绍罗尔中值定理及其几何意义。 <u>PPT 加板书</u>	定理讲解 罗尔中值定理：设函数 $f(x)$ 在闭区间 $[a, b]$ 上连续，在开区间 (a, b) 内可导且满足 $f(a) = f(b)$，则至少存在一点 $\xi \in (a, b)$，使得 $f'(\xi) = 0$。	通过数形结合的方式介绍定理及其几何含义，可以加强学生的直观认识，加深其对定理的理解。

（续上表）

教学环节	教学内容	教学目的
<u>提问</u>：罗尔中值定理的三个条件和结论分别有什么几何意义？	 思考：罗尔中值定理的三个条件以及结论分别有什么几何意义？ 分析：设曲线弧$\overset{\frown}{AB}$是函数 $y=f(x)$ $(x\in[a,b])$ 的图形。这是一条连续的曲线弧，除端点外处处有不垂直 x 轴的切线，并且曲线两个端点处的纵坐标相等，则曲线上至少存在一点 C，使曲线在 C 点的切线平行于 x 轴。	
3. 罗尔中值定理的应用举例（5分钟）		
应用罗尔中值定理解答实例。 <u>PPT 展示</u> <u>提问</u>：垂直方向速度为零的点有怎样的几何意义？	运用罗尔中值定理解答实例 　　假设炮弹射击的高度函数 $h=h(t)$ 在闭区间 $[a,b]$ 上连续，在开区间 (a,b) 内可导且满足 $h(a)=h(b)$，则至少存在一点 $\xi\in(a,b)$，使得 $v(\xi)=h'(\xi)=0$。 思考：垂直方向速度为零的点有怎样的几何意义？ 分析：运动方程 $h=h(t)$ 满足罗尔中值定理条件，所以垂直方向速度为零的点 $\xi\in(a,b)$，满足 $v(\xi)=h'(\xi)=0$。根据导数的几何意义可知：垂直方向速度为零的点就是炮弹运动轨迹中切线平行于 t 轴的切点。	通过实例加深学生对定理的体会，同时培养学生学以致用的意识和习惯。

（续上表）

教学环节	教学内容	教学目的
	**4. 拉格朗日中值定理（6分钟）**	
提问1：如果将罗尔中值定理中的第三个条件去掉，结论会有什么改变？ 类比探究，形成结论。 PPT动画	类比罗尔中值定理的条件，探究拉格朗日中值定理 思考：如果将罗尔中值定理中的第三个条件［即 $f(a)=f(b)$］去掉，结论会有什么改变？ 分析：结合图形来分析，并得出结论。 小结：罗尔中值定理中 $f(a)=f(b)$ 这个条件是相当特殊的，它使罗尔中值定理的应用受到限制，如果取消 $f(a)=f(b)$ 这个条件，那么就得到了微分学中非常重要的中值定理——拉格朗日中值定理。 定理讲解 拉格朗日中值定理：设函数 $f(x)$ 在闭区间 $[a, b]$ 上连续，在开区间 (a, b) 内可导，则至少存在一点 $\xi \in (a, b)$，使得 $\dfrac{f(b)-f(a)}{b-a} = f'(\xi)$。 	改变罗尔中值定理的条件，让学生探究得到拉格朗日中值定理，培养学生的探索精神，鼓励学生勇于发现、勇于探索、勇于攀登科学的高峰，以此达到课程思政的目的。
提问2：拉格朗日中值定理的几何意义是什么？ PPT加板书	思考：拉格朗日中值定理的条件和结论的几何意义是什么？ 分析：如果连续曲线 $y=f(x)$ 的弧 $\overset{\frown}{AB}$ 上除端点外处处具有不垂直于 x 轴的切线，那么这弧上至少有一点 C，使曲线在 C 点处的切线平行于弦 AB。 小结：罗尔中值定理是拉格朗日中值定理的特殊情况。从几何上看，就是将原来端点函数值相等的连续光滑曲线旋转了一下。 推论：如果函数 $f(x)$ 在区间 I 上的导数恒为零，那么 $f(x)$ 在区间 I 上是一个常数，即若 $f'(x) \equiv 0$，则 $f(x) = C$（常数）。	

（续上表）

教学环节	教学内容	教学目的
	**5. 拉格朗日中值定理的应用举例（13 分钟）**	
运用拉格朗日中值定理求解中值 ξ。 PPT 展示	定理的直接应用 【例1】求 $f(x)=x-\ln(1+x)$ 满足拉格朗日中值定理条件的 ξ。 解：因为 $f'(x)=1-\dfrac{1}{1+x}$，且函数 $f(x)=x-\ln(1+x)$ 满足拉格朗日中值定理的条件，所以存在 ξ 使得 $f'(\xi)=\dfrac{f(b)-f(a)}{b-a}=\dfrac{f(1)-f(0)}{1-0}=1-\ln 2$，即 $1-\dfrac{1}{1+\xi}=1-\ln 2$，故 $\xi=\dfrac{1}{\ln 2}-1$。 教师总结：众里寻他千百度，蓦然回首，ξ 就在此点处。 教师拓展应用：在我们的生活中也有拉格朗日中值定理的实际应用，区间测速是其一。只要测得车辆通过测速路段的时间，就能通过中值定理计算出瞬时速度，从而判断出车辆是否超速。 教师引导：在现实生活中处处都有数学原理的运用，正如数学家华罗庚说："宇宙之大，粒子之微，火箭之速，化工之巧，地球之变，生物之谜，日用之繁，无处不用数学。"数学是科学技术发展的基础，而科学技术是第一生产力。中国要发展，首先要发展科学技术，同学们要夯实基础，为发展中国的科技、摆脱"卡脖子"的被动处境而努力，树立科技报国的理想信念。	通过直接运用定理求解题目，学生加深对定理的理解和掌握。 在教学中运用案例，巧妙地融入夯实基础、科技报国的价值观，帮助学生树立远大的人生追求和理想信念，不仅实现了知识的传授与正向价值的输入，还帮助学生树立理想信念，实现了 "1 + 1 > 2" 的教学效果。

（续上表）

教学环节	教学内容	教学目的
提问1：如何证明一个函数是一个常数函数呢？ 例题难度增加，运用定理推论证明结论。 PPT展示	定理推论的应用 【例2】证明：$\arcsin x + \arccos x = \dfrac{\pi}{2}$，$\forall x \in (-\infty, +\infty)$。 思考：如何证明一个函数是一个常数函数呢？ 分析：可以利用拉格朗日中值定理的推论加以证明。 证明：令 $f(x) = \arcsin x + \arccos x$，则 $f(x)$ 在 $(-\infty, +\infty)$ 内满足拉格朗日中值定理，而 $f'(x) = \dfrac{1}{\sqrt{1-x^2}} - \dfrac{1}{\sqrt{1-x^2}} \equiv 0$，$\forall x \in (-\infty, +\infty)$，所以 $f(x) \equiv C$（常数）。又 $f(0) = \arcsin 0 + \arccos 0 = \dfrac{\pi}{2}$，所以 $\arcsin x + \arccos x = \dfrac{\pi}{2}$，$\forall x \in (-\infty, +\infty)$。 小结：要证明一个函数等于一个常数，可以利用拉格朗日中值定理的推论，证明这个函数的导数恒为零，然后代入定义域内的一个取值算出这个常数。	增加例题难度，拓展学生的思维，培养学生的逻辑推理能力。
例题难度进一步增加，深化对定理的应用。 PPT展示	应用的进一步深化 【例3】证明当 $h>0$ 时，$\dfrac{h}{1+h} < \ln(1+h) < h$。 思考：观察待证明的不等式的三个部分有什么联系？ 分析：要证明原不等式，等价证明：$\dfrac{1}{1+h} < \dfrac{\ln(1+h)}{h} < 1$。 证明：由于 $h>0$，将不等式变形为 $\dfrac{1}{1+h} < \dfrac{\ln(1+h)}{h} < 1$，由于 $\dfrac{\ln(1+h)}{h} = \dfrac{\ln(1+h) - \ln 1}{h - 0}$，所以引进辅助函数 $f(x) = \ln(1+x)$，显然 $f(x)$ 在 $[0, h]$ 上满足拉格朗日中值定理的条件，故存在 $\xi \in (0, h)$，使得 $f'(\xi) = \dfrac{\ln(1+h) - \ln(1+0)}{h-0} =$	进一步增加题目难度，通过改变题目类型，扩展定理的应用范围，让学生更多地了解拉格朗日中值定理的应用情况，进而加深其对定理的理解。

（续上表）

教学环节	教学内容	教学目的
提问2：可以找到待证明不等式的等价形式吗？	$\dfrac{\ln(1+h)}{h}$ $(0<\xi<h)$。 因为 $f'(x)=\dfrac{1}{1+x}$，所以 $f'(\xi)=\dfrac{1}{1+\xi}$。于是由 $0<\xi<h$，即得 $\dfrac{1}{1+h}<\dfrac{1}{1+\xi}<1$，从而有 $\dfrac{1}{1+h}<\dfrac{\ln(1+h)}{h}<1$，即 $\dfrac{h}{1+h}<\ln(1+h)<h$ $(h>0)$。 小结：应用拉格朗日中值定理证明的不等式往往具有较好的对称性，即经常同时出现自变量增量和函数值增量，有的时候也会出现函数与导函数的关系。	
6. 柯西中值定理（5分钟）		
推广拉格朗日中值定理得出柯西中值定理。 PPT展示	推广拉格朗日中值定理，得到柯西中值定理 柯西中值定理：设函数 $f(x)$ 与 $g(x)$ 在闭区间 $[a,b]$ 上连续，在开区间 (a,b) 内可导，在 (a,b) 内 $g'(x)\neq0$，则在 (a,b) 内至少存在一点 $\xi\in(a,b)$，使得 $\dfrac{f(b)-f(a)}{g(b)-g(a)}=\dfrac{f'(\xi)}{g'(\xi)}$。	由特殊到一般，层层递进介绍中值定理，完善知识体系。
7. 课堂练习（5分钟）		
教师讲授与学生练习相结合，创设互动教学环节。	课堂练习 证明：$\arctan x+\operatorname{arccot} x=\dfrac{\pi}{2}$，$\forall x\in(-\infty,+\infty)$。 证明：令 $f(x)=\arctan x+\operatorname{arccot} x$，则 $f(x)$ 在 $(-\infty,+\infty)$ 内满足拉格朗日中值定理，而 $f'(x)=\dfrac{1}{1+x^2}-\dfrac{1}{1+x^2}=0$，$\forall x\in(-\infty,+\infty)$，所以 $f(x)\equiv C$（常数）。又 $f(1)=\arctan 1+\operatorname{arccot} 1=\dfrac{\pi}{2}$，所以 $\arctan x+\operatorname{arccot} x=\dfrac{\pi}{2}$，$\forall x\in(-\infty,+\infty)$。	通过讲练结合的方式让学生积极参与教学过程，激发学生的学习主动性，在练习中巩固课堂所学。

（续上表）

教学环节	教学内容	教学目的
	8. 小结与思考拓展（3分钟）	
小结加深学生对本节课内容的印象，引导学生对下节课要解决的问题进行思考。	小结（2分钟） （1）罗尔中值定理的条件与结论及其几何意义。 （2）拉格朗日中值定理的条件与结论及其几何意义。 （3）运用拉格朗日中值定理证明函数为常数的方法。 （4）运用拉格朗日中值定理证明不等式的方法。 （5）罗尔中值定理、拉格朗日中值定理、柯西中值定理的关系。	培养学生总结梳理知识点的习惯，使其在总结中对整节课形成系统的认识。
	思考拓展（1分钟） （1）罗尔、拉格朗日、柯西三位数学家在数学领域还有哪些重要贡献？ （2）柯西中值定理有什么重要的应用？ （3）下一节课要学习的洛必达法则可以求解哪些类型的极限？	根据本节课内容给出一些思考拓展问题，引出下节课的教学问题。

（三）教学评价

本节课的教学内容是教材第三章的微分中值定理，其教学重点和难点是罗尔中值定理及其应用、拉格朗日中值定理及其应用。

本节课通过中值定理的历史起源引入教学内容，介绍了与之相关的数学史和数学家，并层层递进地介绍罗尔中值定理、拉格朗日中值定理、柯西中值定理的内在关联，这使得学生对所学内容有更全面和更深入的认识，形成完整的知识框架。教师在教学中巧妙运用生活案例，让学生体会数学应用的广泛性，并结合案例进行课程思政，激励学生树立夯实基础、科技报国的理想信念。

本节课的教学过程以启发式教学的方式呈现，挖掘三个定理的内在关系，体现了由浅入深、层层深入的教学理念。教师采用数形结合的方式讲解抽象的定理，让学生能更直观地理解定理内容，获得了较好的教学效果。本节教学中理论讲解与实例讲解的结合让学生对定理的理解加深，并能运用理论知识解决实际问题。在教师的引导下，学生通过讨论、归纳、探究等方式自主获取知识，获得了令人满意的学习效果。

（四）板书设计

1. 罗尔中值定理

若函数 $f(x)$ 满足：

（1）在闭区间 $[a, b]$ 上连续

（2）在开区间 (a, b) 内可导

（3）$f(a) = f(b)$

则至少存在一点 $\xi \in (a, b)$，使得 $f'(\xi) = 0$

2. 拉格朗日中值定理

若函数 $f(x)$ 满足：

（1）在闭区间 $[a, b]$ 上连续

（2）在开区间 (a, b) 内可导

则至少存在一点 $\xi \in (a, b)$，使得 $\dfrac{f(b) - f(a)}{b - a} = f'(\xi)$

3. 柯西中值定理

若函数 $f(x)$ 与 $g(x)$ 满足：

（1）在闭区间 $[a, b]$ 上连续

（2）在开区间 (a, b) 内可导，在 (a, b) 内 $g'(x) \neq 0$，

则在 (a, b) 内至少存在一点 $\xi \in (a, b)$，使得

$\dfrac{f(b) - f(a)}{g(b) - g(a)} = \dfrac{f'(\xi)}{g'(\xi)}$

五、教学反思

（一）教学成效及问题反思

1. 由于课堂时间限制，对数学史与数学家的介绍较简单

数学广泛影响着人类的生活和思想，是形成现代文化的主要力量。数学史从一个侧面反映了人类文明史，是人类文明史重要的组成部分。了解数学史对于学生真正了解数学的价值、认识学习数学的意义都是非常有帮助的。教师在介绍中值定理的历史起源时，由于课堂时间的限制，不能充分展开相关内容，只能作简要介绍，对相关数学史和数学家的介绍不够全面，不能让学生全面充分地了解这部分内容。

2. 学生的学习主动性略显不足

由于本节课教学内容比较抽象，不仅定理内容较多，而且定理的应用比较灵活，具有较高的技巧性。因此在学习中，学生会感觉有一定的困难，并容易出现消极和畏难情绪，学习积极性偏低。在教学过程中，学生的学习主动性略显不足。

（二）改进措施

1. 充分借助在线教学平台，扩展课堂内容，形成双轨教学形态

由于课堂时间有限，教师不能全面充分地介绍中值定理的数学发展历史以及中值定理的应用情况，因此可以把数学史的相关学习资料放在在线教学平台，从而将教学内容延伸到课堂之外，让学生在课外阅读数学史的著作和资料。与此同时，教师还可以开辟在线讨论渠道，让学生交流学习心得，扩展学生的知识面，提高其综合素养。通过这一方式，教师可以充分了解学情，为后续的教学优化提供参考。

2. 丰富教学设计，增设互动环节

为了更加充分地调动学生的学习积极性，使其养成主动思考的学习习惯，以及达到更好的教学效果，教师在教学设计中要丰富与中值定理相关

的教学案例，将数学理论与现实应用结合起来，同时增加互动环节，为学生学习数学提供一个更广阔的空间，不断培养学生理论联系实际的实践能力和探索精神，使其在探索中获取新知识，充分发挥学生的主动性和积极性。

六、课后作业和预习任务

（一）课后作业

（1）课本教材习题 3 - 1：1，3，6，7（1）、（2）。

（2）通过智慧树网址 http://t. zhihuishu. com/EwGBE？courseId = 10328967观看本节课教学视频。

（3）思考拓展：

①罗尔、拉格朗日、柯西三位数学家在数学领域还有哪些重要贡献？

②柯西中值定理有什么重要的应用？

③下一节课要学习的洛必达法则可以求解哪些类型的极限？

（二）预习任务

（1）预习教材"3.1 洛必达法则"和"3.2 导数的应用"的内容。

（2）通过智慧树网址 http://t. zhihuishu. com/EwGBE？courseId = 10328967观看"洛必达法则"和"导数的应用"慕课视频。

第五节　大学数学课堂教学设计——定积分的概念

主题名称：定积分的概念

课　　时：1 学时

一、学情及内容分析

（一）教学内容分析

1. 教学内容

定积分是微积分中的重要内容，它的基本思想是将所求的量分割成若干细小的部分，找出某种关系之后，再把这些细小的部分用便于计算的形式积累起来，最后求出未知量的值。定积分的发展经历了漫长的过程，从古希腊数学先驱的探索，到 17 世纪以牛顿、莱布尼茨为代表的数学家的理论创立，再到 19 世纪波尔查诺、柯西、魏尔斯特拉斯、戴德金等数学家构建的现代体系形成。定积分在几何学、代数学、物理学、经济学中都有广泛的应用。本节课将选用两个问题——求曲边梯形的面积和求变速直线运动的位移作为实例引入，采用相似的处理方法和步骤解决这两类不同的问题，然后抽象出其数学特征，即为函数的定积分。在此基础上，本节课还将介绍定积分的几何意义，并根据几何意义求解一些简单的定积分。

2. 教学重点

（1）定积分的概念。

（2）定积分的几何意义。

3. 教学难点

（1）定积分的概念。

（2）利用定积分的定义求解定积分的方法。

（3）利用定积分的几何意义求解定积分的方法。

（二）学生情况分析

1. 知识方面

学生已经学习了不定积分、了解了不定积分是求导的逆运算，因此学生对于积分有了初步的认识。虽然定积分是积分学的另一个基本问题，但是它的内涵却与不定积分完全不同。学生通过前期的学习已经能够理解极限思想，它是定积分概念中的重要方面，但是学生对于定积分概念中"化整为零"和"积零为整"的思想体会得不深。

2. 能力方面

定积分的概念引入是一个比较困难的过程，有比较复杂的步骤和计算，并且需要学生具备较强的逻辑思维能力和抽象概括能力。学生通过前期对极限的学习，已经具备了一定的从直观认知到抽象概括的能力和一定的计算能力，但是逻辑推理能力不足。

3. 价值观方面

本节课的内容比较抽象，概念的形成过程比较复杂，因此学生在学习中容易出现耐心不足、逃避心理和畏难情绪。教师在教学过程中要注意引导学生树立学习的信心，建立"利用已知解决未知"的数学思想，根植勇攀科学高峰的远大理想。

二、教学目标

（一）知识传授目标

1. 掌握基本概念和求解方法

本节课要求学生理解求曲边梯形的面积和求变速直线运动的位移的步骤和方法，掌握定积分的概念，理解定积分的几何意义，会根据定积分的概念或者几何意义求解一些简单的定积分。

2. 了解与定积分发展相关的数学发展史，拓展知识积累

教师通过本节课的教学，让学生了解定积分发展历史以及与其相关的数学家故事，拓宽学生的知识面，提升学生的学习兴趣，开阔学生的视野，拓展学生的知识积累。

（二）能力培养目标

1. 培养学生的抽象思维、逻辑推理和归纳概括等能力

教师通过曲边梯形的面积求解和变速直线运动的位移求解两个实例引出定积分的概念。虽然它们是两类不同的问题，但要采用相似的处理方法和步骤求解，并抽象出其数学特征，即为函数的定积分；这种从具体实例概括定义的推导过程可以培养学生从直观到抽象的抽象思维能力和归纳概括能力；在推导上述问题的过程中运用了"化整为零"和"积零为整"的思想和方法，可以培养学生的逻辑推理能力。

2. 提高学生的计算能力

本节课利用定积分的概念求解定积分会涉及比较多的极限计算和级数运算。通过对这部分内容的学习和练习，学生可以提高自己的计算能力。

3. 培养学生的数学思想及数学审美能力

定积分概念的引入实例充分体现了"利用已知解决未知""化整为零"的数学思想，这是解决众多未知领域难题的基本思想，也是创新创造的思想源泉，学生通过本节课的学习可深刻理解这一数学基本思想。定积分用极其简约的数学符号刻画了深刻而丰富的数学内涵，这充分体现了数学的简洁美；定积分概念的形成过程体现了从直观事物到抽象概念的抽象美。通过本节课的讲解，教师引导学生认识数学的美、欣赏数学的美、运用数学的美。

（三）价值引领目标

1. 培养学生坚守初心、脚踏实地的求学精神

从实例入手，让学生从现实案例中发现问题、解决问题，并归纳概括出抽象概念。通过由直观到抽象、由具体到一般的方式层层深入地介绍定积分的概念，充分展现了治学的严谨性与规范性，这不仅帮助学生养成严谨治学的良好习惯，也培养学生坚守初心、脚踏实地、不畏艰难的求学精神。

2. 培养学生立足当下、放眼未来的开拓精神

在教学内容中，教师充分渗透"利用已知解决未知""化整为零"的

数学思想，这不仅鼓励学生将数学理论和数学方法与实际应用相结合，秉持用理论知识解决实际问题的实践精神和实践意识，而且帮助学生树立立足当下、放眼未来的创新精神及勇攀科学高峰的进取精神与开拓精神。

（四）过程与方法目标

1. 问题驱动 + 启发式教学，激发学习内驱力，渗透课程思政

从求解曲边梯形的面积的具体问题出发，教学过程以启发式提问和课堂思考题贯穿始终，以问题为驱动点，借助启发式教学方式激发学生的学习内驱力，让学生积极主动地参与到教学过程当中，体现学生在教学中的主体地位，将被动吸收知识变为主动探究未知，提高学生的学习积极性和主动性，增进学生的学习获得感。此过程同时帮助学生树立立足当下、放眼未来的创新精神及勇攀科学高峰的进取精神与开拓精神。

2. 教学内容融入数学史与应用实例，创设教学情境与应用情境，激发学生好奇心

教师介绍定积分的发展史以及相关的应用实例，不仅恰当地创设了教学情境，吸引了学生的注意力，还拓展了学生的数学知识以及不同领域的应用实例，激发了学生对本节课程的学习兴趣，以及对相关应用领域的好奇心。

3. 以数形结合方式突出几何意义，攻破定义的理解难点

以曲边梯形面积的求解问题为基础，采用数形结合的方法讲解"四步法"，进而抽象概括出定积分的概念，这个过程可以帮助学生直观地了解定积分概念的内涵、深刻体会定积分的几何意义，使学生突破概念的理解壁垒，提升教学效果。

4. 理论与应用相结合，鼓励学生学以致用

本节课教学设计在定积分的几何意义讲解后设置练习题目，引导学生利用定积分的几何意义求解定积分，培养学生学以致用的能力以及理论联系实际的能力。

三、教学方法与手段

（一）教学方法

1. 利用数学史与应用实例，创设课程教学情境

本节课介绍与定积分发展相关的数学史和应用实例，创设良好的教学情境，吸引学生的注意力，激发学生的学习欲和好奇心，有效提高学生的学习积极性和内驱力，让学生成为教学主体。

2. 运用"问题驱动课堂"的教学方式，提升课堂教学效果

本节课的教学内容从学生以现有知识不能解决的问题（曲边梯形的面积和变速直线运动的位移）入手，利用问题驱动的方式引导学生利用已学知识解决未知问题，通过问题分解、层层深入、总结归纳、抽象概括的方式最终得到定积分的概念。在问题驱动教学的方式下，学生更加积极地思考问题、更加主动地参与到教学中。这使得课堂教学效率和学生的学习积极性都明显提高。

3. 运用线上线下相结合的互动教学模式，促进师生交流提质增效

本节课教学过程中，随着教学内容的不断推进，教师设置多个提问环节，采用课堂提问与线上问题相结合的方式，拓展互动渠道，让学生积极参与到教学过程中，充分体现"学生为主体，教师为主导"的教学理念，并在经典例题讲解结束后设置思考题，其目的是鼓励学生积极思考，促进知识内化，提升学生的学习成效。

（二）教学手段

1. 在线教学平台与传统课堂相结合

教师将在线教学平台运用到课堂中，不仅可以活跃课堂，还能全面快速地了解学生的学情，及时地调整教学节奏，解答学生的学习疑惑，提升课堂教学效率与效果。

2. PPT 展示与传统的"黑板＋粉笔"的板书相结合

教师用 PPT 给学生展示数形结合的教学内容，用 PPT 动画展示求解曲

边梯形面积时分割、求和、近似、无限逼近的过程，生动的画面能吸引学生的注意力，提高其学习兴趣。教师在讲授本节课的主要知识和重点知识时，配合板书，可以引起学生的注意，达到突出重点的目的。

3. 将数学绘图软件应用到教学中

为了更好地展示定积分的几何意义，教师把数学绘图软件应用到对教学资源的准备中，可以丰富课程内容，提高教学资源的质量。

四、教学过程

（一）教学框架（见表5-9）

表5-9　定积分的概念的教学框架

时间	教学内容要点
3分钟	1. 定积分的背景介绍及实例引入
6分钟	2. 曲边梯形的面积
3分钟	3. 变速直线运动的位移
4分钟	4. 定积分的概念
2分钟	5. 定积分存在的充分条件
5分钟	6. 定积分的概念应用举例
7分钟	7. 定积分的几何意义
7分钟	8. 定积分的几何意义应用举例
5分钟	9. 课堂练习
3分钟	10. 小结与思考拓展

（二）教学过程（见表 5 – 10）

表 5 – 10　定积分的概念的教学过程

教学环节	教学内容	教学目的
	1. 定积分的背景介绍及实例引入（3 分钟）	
简要介绍定积分发展史和应用情况，创设教学情境，切入新课内容。 PPT 展示 提问：应该如何计算不规则几何图形的面积呢？	背景介绍 　　定积分是微积分学中的重要内容，它的基本思想是将所求的量分割成若干细小的部分，找出某种关系之后，再把这些细小的部分用便于计算的形式积累起来，最后求出未知量的值。 　　定积分的发展经历了漫长的过程，从古希腊数学先驱的探索，到 17 世纪以牛顿、莱布尼茨为代表的数学家的理论创立，再到 19 世纪波尔查诺、柯西、魏尔斯特拉斯、戴德金等数学家构建的现代体系形成。定积分在几何学、代数学、物理学、经济学中都有广泛的应用。 实例引入 　　广州有一个美丽的麓湖，我们在游览麓湖时不禁会想：麓湖有多大呢？我们可以看到麓湖的湖面是一个不规则的几何图形，那么应该如何计算这个不规则几何图形的面积呢？ 麓湖 　　如果我们用相互垂直的网格去分割这个图形，靠近中心位置的部分分割出来是矩形，其面积我们是会求的，只要能求解出靠近岸边的不规则图形的面积，那么问题就能解决了。而靠近岸边的这些不规则图形的面积求解就是接下来我们重点分析的曲边梯形的面积求解问题。	对定积分相关数学史和数学家的介绍可以让学生产生学习兴趣，并激发学生的求知欲。 案例教学可以吸引学生的注意力，引起学生的学习兴趣，使学生有一种身临其境之感，从而提升课堂的教学效果。

（续上表）

教学环节	教学内容	教学目的
	2. 曲边梯形的面积（6分钟）	
PPT 加板书	曲边梯形的面积 设函数 $y=f(x)$ 在区间 $[a,b]$ 上非负、连续，由直线 $x=a$、$x=b$、x 轴及曲线 $y=f(x)$ 所围成的图形称为曲边梯形，其中曲线弧称为曲边。 	利用"四步法"求解曲边梯形的面积的过程给学生传递"利用已知解决未知"的数学思想。
提问1：如何求解曲边梯形的面积？	思考1：我们已经会求一些直边形的面积，如矩形、三角形、梯形等，那么这样的曲边梯形的面积怎么求解呢？ 分析：要"利用已知解决未知"，即利用直边形的面积求解办法来计算。	
提问2：如何利用已知解决未知呢？	思考2：如何利用已知的直边形面积求解曲边梯形面积？ 分析：可以用矩形面积近似代替。	
提问3：如何解决替代的时候误差太大的问题呢？	思考3：如何减小替代时的误差呢？ 分析：先进行分割，分割得越细密，误差就会越小。 求解步骤 1. 分割 　　在 $[a,b]$ 上任意插入 $n-1$ 个分点使得 $a=x_0<x_1<x_2<\cdots<x_{i-1}<x_i<\cdots<x_{n-1}<x_n=b$， 将区间 $[a,b]$ 分成 n 个小区间 $[x_{i-1},x_i]$ （$i=1,2,\cdots,n$），其长度记为 $\Delta x_i=x_i-x_{i-1}$	

（续上表）

教学环节	教学内容	教学目的
在"利用已知解决未知"的思想指导下，通过"四步法"求解曲边梯形的面积。 PPT 加板书	$(i=1, 2, \cdots, n)$，过各分点 $x_i(i=1, 2, \cdots, n-1)$ 作 x 轴的垂线，将原曲边梯形划分成 n 个小曲边梯形。 2. 近似 　在每个小区间 $[x_{i-1}, x_i]$ 上任取一点 $\xi_i(x_{i-1}\leqslant\xi_i\leqslant x_i)$，当小区间长度 Δx_i 很小时，用 Δx_i 为宽、$f(\xi_i)$ 为高的小矩形面积近似代替小曲边梯形的面积 $\Delta A_i (i=1, 2, \cdots, n)$，即 $\Delta A_i\approx f(\xi_i)\ \Delta x_i$。 3. 求和 　将这 n 个小曲边梯形面积的近似值相加，就得到曲边梯形的面积的近似值，即 $A=\sum_{i=1}^{n}\Delta A_i\approx\sum_{i=1}^{n}f(\xi_i)\Delta x_i$。	通过数形结合的方式，让学生直观感受曲边梯形的面积最终如何表达为一个未定和式的极限的过程。整个推导过程都采用启发式提问的方式推进，可以引导学生积极思考、主动参与教学活动，同时培养学生的逻辑思维能力和严密的推理能力。

（续上表）

教学环节	教学内容	教学目的
PPT 加板书	4. 取极限 显然，分割越细，即 $\Delta x_i\,(i=1,\ 2,\ \cdots,\ n)$ 越小，则 $f(\xi_i)\Delta x_i$ 的值与 ΔA_i 就越接近，从而 $\displaystyle\sum_{i=1}^{n} f(\xi_i)\Delta x_i$ 也越接近于曲边梯形的面积 A。为了保证每个小区间的长度无限小，令 $\lambda = \max\{\Delta x_1,\ \Delta x_2,\ \cdots,\ \Delta x_n\}$，当 $\lambda\rightarrow 0$ 时（这时小区间数 n 无限增多，即 $n\rightarrow\infty$），若和式 $\displaystyle\sum_{i=1}^{n} f(\xi_i)\Delta x_i$ 的极限存在，则认为此极限就是曲边梯形面积，即 $A = \lim\limits_{\lambda\rightarrow 0}\displaystyle\sum_{i=1}^{n} f(\xi_i)\Delta x_i$。 小结：曲边梯形的面积归结为一个和式的极限问题。	"利用已知解决未知"的数学思想鼓励学生勇于探索、脚踏实地，使知识传授与思想引领同向同行，从而实现课程思政的目标。
3. 变速直线运动的位移（3分钟）		
PPT 加板书 提问 1：可以利用已有的物理知识求解变速直线运动的位移吗？ 提问 2：如何将匀速直线运动的路程和变速直线运动的路程建立联系呢？	变速直线运动的位移 设某物体做直线运动，并且其速度 $v=v(t)$ 是时间段 $[T_1,\ T_2]$ 上的 t 的连续函数 $(v(t)\geqslant 0)$，计算该物体在该时间段内所经过的路程 S。这是一个求解变速直线运动的路程问题。 思考 1：如何求解变速直线运动的位移呢？可以利用已有的物理知识解决吗？（请在在线学习平台写出答案。） 分析：利用物理学中匀速直线运动的路程计算公式：路程＝速度×时间。 思考 2：如何将匀速直线运动的路程和变速直线运动的路程建立联系呢？ 分析：将 $[T_1,\ T_2]$ 进行细分，每个小时段可以近似看成匀速直线运动。求解思路和步骤与求曲边梯形的面积相似。	通过变速直线运动的位移求解问题，学生进一步熟悉和理解"四步法"，体会求解过程中"分割—近似—求和—取极限"过程中从有限到无限的极限思想，以及"化整为零""积零为整"的数学方法。

（续上表）

教学环节	教学内容	教学目的
通过变速直线运动的位移求解问题强化"四步法"。 PPT 加板书	求解步骤 1. 分割 　　用分点 $T_1 = t_0 < t_1 < t_2 < \cdots < t_{i-1} < t_i \cdots < t_{n-1} < t_n = T_2$，将总的时间间隔 $[T_1, T_2]$ 分成 n 个小时段 $[t_{i-1}, t_i]$（$i = 1, 2, \cdots, n$），记第 i 个时段的长度为 $\Delta t_i = t_i - t_{i-1}$（$i = 1, 2, \cdots, n$）。 2. 近似 　　把每小时段 $[t_{i-1}, t_i]$ 上的运动视作匀速，任选一时刻 $\xi_i \in [t_{i-1}, t_i]$，作乘积 $v(\xi_i)\Delta t_i$（$i = 1, 2, \cdots, n$），显然在这小段时间内所经过的路程 ΔS_i 可近似地表示为 $\Delta S_i \approx v(\xi_i)\Delta t_i$（$i = 1, 2, \cdots, n$）。 3. 求和 　　将 n 个小段时间上的路程相加，就得到总路程的近似值为 $S = \sum_{i=1}^{n} \Delta S_i \approx \sum_{i=1}^{n} v(\xi_i)\Delta t_i$。 4. 取极限 　　显然，当 $\lambda = \max\{\Delta t_i\} \to 0$（$i = 1, 2, \cdots, n$）时，若 $\sum_{i=1}^{n} v(\xi_i)\Delta t_i$ 的极限存在，则此极限值就是路程 S，即 $S = \lim_{\lambda \to 0} \sum_{i=1}^{n} v(\xi_i)\Delta t_i$。 小结：从上面两个例子可以看出，问题的背景虽然不同，但是它们的求解都归结为对某些量进行"分割、近似、求和、取极限"，或者说都归结为求形如和式 $\sum_{i=1}^{n} f(\xi_i)\Delta x_i$ 的极限问题。	归纳抽象两个实例的共性，为下一步介绍定积分的定义作铺垫，并培养学生的抽象归纳能力。

（续上表）

教学环节	教学内容	教学目的
	4. 定积分的概念（4分钟）	
抽象概括，形成概念。 PPT加板书	定积分的概念 定义：设函数 $f(x)$ 在区间 $[a,b]$ 上有界，任取分点，$a=x_0<x_1<x_2<\cdots<x_{i-1}<x_i<\cdots<x_{n-1}<x_n=b$，将区间 $[a,b]$ 分成 n 个小区间 $[x_{i-1},x_i]$ $(i=1,2,\cdots,n)$，记 $\Delta x_i=x_i-x_{i-1}$ 为第 i 个小区间的长度。在每个小区间上任取一点 $\xi_i(x_{i-1}\leq\xi_i\leq x_i)$ 作函数值 $f(\xi_i)$ 与相应小区间长度 Δx_i 的乘积 $f(\xi_i)\Delta x_i$ $(i=1,2,\cdots,n)$，并作和式 $\sum_{i=1}^{n}f(\xi_i)\Delta x_i$，记 $\lambda=\max\{\Delta x_1,\Delta x_2,\cdots,\Delta x_n\}$。如果无论对 $[a,b]$ 如何划分，也无论在小区间 $[x_{i-1},x_i]$ 上点 ξ_i 如何选取，极限 $\lim_{\lambda\to 0}\sum_{i=1}^{n}f(\xi_i)\Delta x_i$ 总存在，那么称这个极限为函数 $f(x)$ 在区间 $[a,b]$ 上的定积分（简称积分），记为 $\int_a^b f(x)dx$，即 $\int_a^b f(x)dx=I=\lim_{\lambda\to 0}\sum_{i=1}^{n}f(\xi_i)\Delta x_i$，其中 $f(x)$ 称为被积函数，$f(x)dx$ 称为被积表达式，x 称为积分变量，$[a,b]$ 称为积分区间，a 称为积分下限，b 称为积分上限。$\sum_{i=1}^{n}f(\xi_i)\Delta x_i$ 称为积分和。 对定义的说明 定积分作为积分和 $\sum_{i=1}^{n}f(\xi_i)\Delta x_i$ 的极限，它的值 I 只与被积函数 f 和积分区间 $[a,b]$ 有关，而与积分变量所用的字母无关，即 $\int_a^b f(x)dx=\int_a^b f(u)du=\int_a^b f(t)dt\cdots$	归纳总结，形成概念，培养学生的抽象概括、归纳总结的能力。

（续上表）

教学环节	教学内容	教学目的
<u>提问</u>：根据定积分的概念，曲边梯形的面积和变速直线运动的位移如何用定积分表示？ <u>PPT 加板书</u>	思考：如何用定积分表示曲边梯形的面积以及变速直线运动的位移？ 分析：结合定积分的定义的未定和极限式。 曲边梯形面积：$A = \int_a^b f(x)\,\mathrm{d}x$ 。 变速直线运动 $[\,T_1,\ T_2\,]$ 时段位移：$S = \int_{T_1}^{T_2} v(t)\,\mathrm{d}t$ 。	运用定积分表示曲边梯形面积以及变速直线运动的位移，加深学生对定义的理解，培养学生学以致用的能力。
	**5. 定积分存在的充分条件（2 分钟）**	
采用数形结合方式解释定积分存在的充分条件。 <u>PPT 展示</u>	结合图形，直观解释定理 定理1：若函数 $f(x)$ 在 $[\,a,\ b\,]$ 上连续，则 $f(x)$ 在 $[\,a,\ b\,]$ 上可积。 定理2：若函数 $f(x)$ 在 $[\,a,\ b\,]$ 上有界且只有有限个间断点，则 $f(x)$ 在 $[\,a,\ b\,]$ 上可积。 教师提醒：由于初等函数在其定义区间内是连续的，故初等函数在其定义域内的闭区间上可积。	采用数形结合的方式解释定积分存在的充分条件，直观形象、易于理解。
	**6. 定积分的概念应用举例（5 分钟）**	
利用定积分的定义求解定积分。 <u>提 问</u>：是否要将 $[\,0,\ 1\,]$ 任意分成 n 个小区间？	用定义求定积分 【例1】利用定义求定积分 $\int_0^1 x^2\mathrm{d}x$ 的值。 思考：根据定义，是否要将 $[\,0,\ 1\,]$ 任意分成 n 个小区间？若要划分，应该如何划分？（请在在线学习平台写出分割方法。） 分析：因为 $f(x) = x^2$ 是初等函数，故它在 $[\,0,\ 1\,]$ 上可积，因此任意的区间分割都不会改变近似和的值，所以可以 n 等分。	通过利用定积分的定义求解一个较为简单的定积分，学生不仅巩固对定积分定义的掌握，还运用了积分存在的充分条件。

（续上表）

教学环节	教学内容	教学目的
PPT 展示	解：因为被积函数 $f(x)=x^2$ 在 $[0,1]$ 上连续，从而 $f(x)=x^2$ 在 $[0,1]$ 上可积，将区间 $[0,1]$ 等分成 n 个小区间 $\left[\dfrac{i-1}{n},\dfrac{i}{n}\right]$ $(i=1,2,\cdots,n)$，每个小区间的长度 $\Delta x_i=\dfrac{1}{n}$，根据定积分的定义有：$\displaystyle\int_0^1 x^2\,\mathrm{d}x=\lim_{n\to\infty}\sum_{i=1}^n\left(\dfrac{i}{n}\right)^2\dfrac{1}{n}=\lim_{n\to\infty}\dfrac{1}{n^3}\sum_{i=1}^n i^2=\lim_{n\to\infty}\dfrac{1}{n^3}\times\dfrac{1}{6}n(n+1)(2n+1)=\dfrac{1}{3}$。	
	7. 定积分的几何意义（7分钟）	
结合图形解释定积分的几何意义。 PPT 展示 提问：为何当 $f(x)\leqslant 0$ 时，$\displaystyle\int_a^b f(x)\,\mathrm{d}x$ 为负呢？	（1）若在 $[a,b]$ 上 $f(x)\geqslant 0$，由定积分定义可知，定积分 $\displaystyle\int_a^b f(x)\,\mathrm{d}x$ 表示由曲线 $y=f(x)$、两条直线 $x=a$ 和 $x=b$ 及 x 轴所围成的曲边梯形的面积 A，即 $\displaystyle\int_a^b f(x)\,\mathrm{d}x=A$。 （2）若在 $[a,b]$ 上 $f(x)\leqslant 0$，则由曲线 $y=f(x)$、两条直线 $x=a$ 和 $x=b$ 及 x 轴所围成的曲边梯形位于 x 轴下方，定积分 $\displaystyle\int_a^b f(x)\,\mathrm{d}x$ 表示该曲边梯形面积 A 的负值。 　　如图所示，$\displaystyle\int_a^b f(x)\,\mathrm{d}x=A_1-A_2+A_3-A_4+A_5$： 思考：为何当 $f(x)\leqslant 0$ 时，$\displaystyle\int_a^b f(x)\,\mathrm{d}x$ 为负呢？ 分析：结合求解曲边梯形面积来分析。	结合图形解释定积分的几何意义，可以让学生更加直观地理解定积分，便于将定积分的计算问题转化为几何问题。

（续上表）

教学环节	教学内容	教学目的
	8. 定积分的几何意义应用举例（7分钟）	
提 问：根据定积分的几何意义，下面的定积分可以表示成什么几何量？ 利用定积分的几何意义求解定积分的应用举例。 PPT 展示	【例2】利用定积分的几何意义求解下列定积分。 思考：根据定积分的几何意义，下面的定积分可以表示成什么几何量？ 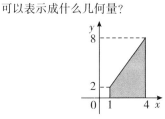 分析：定积分 $\int_a^b f(x)\,\mathrm{d}x$ 表示曲线 $y=f(x)$、两条直线 $x=a$ 和 $x=b$ 及 x 轴所围成的曲边梯形的面积的代数和。 ① $\int_1^4 2x\,\mathrm{d}x$ 解：$\int_1^4 2x\,\mathrm{d}x = S_{梯形} = \dfrac{1}{2}(2+8)\times 3 = 15$。 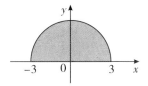 ② $\int_{-3}^3 \sqrt{9-x^2}\,\mathrm{d}x$ 解：$\int_{-3}^3 \sqrt{9-x^2}\,\mathrm{d}x = S_{半圆} = \dfrac{1}{2}\pi\times 3^2 = \dfrac{9\pi}{2}$。 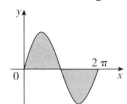 ③ $\int_0^{2\pi} \sin x\,\mathrm{d}x$ 解：$\int_0^{2\pi} \sin x\,\mathrm{d}x = A_1 - A_2 = 0$。	通过具体的题目应用定积分的几何意义，可以帮助学生巩固知识、加深理解、学以致用。

（续上表）

教学环节	教学内容	教学目的
	**9. 课堂练习（5分钟）**	
课堂练习，巩固新知。 PPT 展示	【练习题1】利用定义求定积分 $\int_0^1 e^x dx$ 的值。 解：因为被积函数 $f(x) = e^x$ 在 $[0, 1]$ 上连续，从而 $f(x) = e^x$ 在 $[0, 1]$ 上可积，将区间 $[0, 1]$ 等分成 n 个小区间 $\left[\dfrac{i-1}{n}, \dfrac{i}{n}\right]$ （$i = 1, 2, \cdots, n$），每个小区间的长度 $\Delta x_i = \dfrac{1}{n}$。 根据定积分的定义有：$\int_0^1 e^x dx =$ $\lim\limits_{n\to\infty} \sum\limits_{i=1}^{n} \dfrac{1}{n} e^{\frac{i-1}{n}} = \lim\limits_{n\to\infty} \dfrac{e-1}{n(e^{\frac{1}{n}}-1)} = e - 1$。 【练习题2】根据定积分的几何意义求解定积分 $\int_1^7 3dx$。 解：$\int_1^7 3dx = S_A = 3 \times (7-1) = 18$。	通过讲练结合的方式让学生进一步熟悉和掌握课堂内容，促进学生知识内化、学以致用。
	**10. 小结与思考拓展（3分钟）**	
小结加深学生对本节课内容的印象，引导学生对下节课要解决的问题进行思考。	小结（2分钟） （1）"四步法"求解曲边梯形的面积和变速直线运动的位移步骤。 （2）定积分的概念。 （3）定积分存在的充分条件。 （4）定积分的几何意义。	培养学生总结梳理知识点的习惯，使其在总结中对整节课形成系统的认识。
	思考拓展（1分钟） （1）用定积分的定义求解定积分非常烦琐，有没有其他更好的求解方法？ （2）关于定积分的发展历史，还有哪些有趣的人和事？ （3）定积分在现实中还有哪些应用？	根据本节课内容给出一些思考拓展问题，引出下一节课的教学问题。

（三）教学评价

本节课的教学内容是教材第四章的一元函数积分学中定积分的内容，教学重点是定积分的概念以及定积分的几何意义，教学难点是定积分的概念以及利用定积分的几何意义求解定积分的方法。

本节课从求解曲边梯形的面积、求解变速直线运动的位移两个不同的问题入手，通过"利用已知解决未知"的数学思想，采用"四步法"，层层深入地推导，最终用一个未定和式的极限表示出了这两个所求量。虽然这两个问题完全不同，但是可以抽象概括出相同的本质特征，进而得到定积分的概念。从两个不同领域的实例（前者是几何学问题，后者是物理学问题）抽象归纳出共同的数学特征，进而得出定积分的定义。这个分析过程可让学生体会"利用有限研究无限"的哲学思想，以及"化整为零""积零为整"的数学分析思路与方法，进而培养学生的抽象思维能力和归纳概括能力。

从问题的发现到最终的解答，教师步步设问，不断启发、引导学生积极思考、发现问题并解决问题。启发式教学可以牢牢抓住学生的注意力，培养学生勇于探索、开拓创新的精神；通过耐心而周密的推导，最终得到满意的结果，这样的过程可以培养学生的逻辑思维能力。本节课通过启发式教学和问题驱动的教学方式，取得了比较令人满意的效果。

本节课始终采用数形结合的方式进行讲解，让学生能更直观地理解定积分的概念及其几何意义，达到了较好的教学效果。本节课教学中讲练结合的方式让学生加深了对课程内容的理解，达到了使其学以致用的目的。

（四）板书设计

1. "四步法"

（1）分割：$a = x_0 < x_1 < x_2 < \cdots < x_{i-1} < x_i < \cdots < x_{n-1} < x_n = b$，$\Delta x_i = x_i - x_{i-1}(i = 1, 2, \cdots, n)$

（2）近似：$\Delta A_i \approx f(\xi_i)\Delta x_i$

（3）求和：$A = \sum_{i=1}^{n} \Delta A_i \approx \sum_{i=1}^{n} f(\xi_i)\Delta x_i$

$$（4）取极限：A = \lim_{\lambda \to 0} \sum_{i=1}^{n} f(\xi_i) \Delta x_i$$

2. 定积分的概念

$$\int_a^b f(x)\,dx = I = \lim_{\lambda \to 0} \sum_{i=1}^{n} f(\xi_i) \Delta x_i$$

3. 定积分的几何意义

$$\int_a^b f(x)\,dx = A_1 - A_2 + A_3 - A_4 + A_5$$

五、教学反思

（一）教学成效及问题反思

1. 多种教学方法的综合使用提升课堂教学效果

本节课教学灵活使用了启发式、问题驱动课堂、讲练结合等多种课堂教学模式，多种教学方法的运用大大提高了学生的学习积极性和课堂参与度，增进了师生互动，并极大地激发学生积极思考、发现问题并解决问题的主动性，不仅培养了学生的探究精神，还培养了学生的逻辑思维能力与动手能力。多形式教学方法的综合运用大大提升了课堂教学效果。

2. 从"有限"到"无限"的思维跨越仍然是学生的瓶颈

在曲边梯形的面积求解中，用有限个小长方形的面积和近似代替曲边梯形的面积，最终用求极限的方法得到曲边梯形面积的精确值。这个过程中，无限次的有限划分体现了"利用有限研究无限"的哲学思想。利用极限思想理解从有限到无限的演变过程对于学生来说是一个难点。

3. 由于课堂时间限制，对数学史与数学家的介绍较简单

数学广泛影响着人类的生活和思想，是形成现代文化的主要力量。数学史从一个侧面反映了人类文明史，是人类文明史重要的组成部分，了解数学史对于学生真正了解数学的价值、认识学习数学的意义都是非常有帮助的。在介绍定积分的历史起源时，由于课堂时间的限制，教师不能充分展开相关内容，只能作简要介绍，相关数学史和数学家的介绍不够全面，不能让学生全面充分地了解这部分内容。

（二）改进措施

1. 线上线下相结合，增进师生交流，弥补课堂不足

由于课堂时间有限而不能全面充分地介绍定积分的起源、定积分的发展历史以及相关数学家的生平故事，教师可以把相关学习资源放在在线教学平台上，让学生在课外阅读和学习相关内容，拓展学生的知识面，提高学生的数学素养。教师还可以在在线学习平台为学生答疑解惑、提供更多帮助，增进师生之间的交流。

2. 丰富教学设计，增设互动环节，加深课程思政

教师在教学设计中丰富教学案例，不仅能让学生从多维度了解数学的应用价值，还能提高学生学习数学的兴趣。在教学过程中增加形式多样的互动环节，并在互动中渗透思想引领与价值塑造，可以达到课程思政与知识传授有机融合的效果。

六、课后作业和预习任务

（一）课后作业

（1）课本教材习题 4 - 2：7 （1）、（2）。

（2）通过智慧树网址 http://t. zhihuishu. com/EwGBE？courseId = 10328967观看本节课教学视频。

（2）思考拓展：

①用定积分的定义求解定积分非常烦琐，有没有其他更好的求解方法？

②关于定积分的发展历史，还有哪些有趣的人和事？

③定积分在现实中还有哪些应用？

（二）预习任务

（1）预习教材"4. 2 定积分的性质和计算"的内容。

（2）通过智慧树网址 http://t. zhihuishu. com/EwGBE？courseId = 10328967观看"定积分的性质和计算"慕课视频。

第六节　大学数学课堂教学设计
——微积分基本公式

主题名称：微积分基本公式

课　　时：1 学时

一、学情及内容分析

（一）教学内容分析

1. 教学内容

在上一节课，我们学习了定积分的定义。定积分作为一种和式的极限，一般情况下按照定义来计算是非常困难的，特别是当被积函数的结构比较复杂时，这种计算就更加困难。因此，寻求简单易行的定积分的计算方法是重要的研究问题。前面关于变速直线运动的物体位移的讨论揭示了定积分与原函数之间的关系。而且前面已经证明，积分上限函数就是被积函数的一个原函数。借由积分上限函数，本节课将证明微积分学的基本公式。该公式是微积分学中最重要的公式，不仅是计算定积分的理论依据，更是数学发展史上重要的里程碑，也是学生后续学习的基础。

2. 教学重点

（1）微积分基本公式。

（2）用微积分基本公式求解简单的定积分的方法。

3. 教学难点

（1）微积分基本公式。

（2）运用微积分基本公式求定积分的方法。

（二）学生情况分析

1．知识方面

在上一节课，学生已经学习了定积分的定义，它是一种和式的极限，一般情况下按照定义来计算是非常困难的。因此，寻求简单易行的定积分的计算方法十分重要。前面已经证明，积分上限函数就是被积函数的一个原函数。借由积分上限函数，本节课将证明微积分的基本公式。微积分基本公式经历了曲折的发展过程，但学生对于其发展史的了解还不够。为了丰富学生的知识面、提高其数学素养，本节课会介绍与此相关的数学史和历史名人，如牛顿、莱布尼茨等，以及著名的"微积分优先权"的争论，激发学生的学习兴趣，揭示数学中蕴含的人文教育价值。

2．能力方面

学习了导数与不定积分后，学生已经知道两者是互逆的运算，但是对于原函数和导函数的关系，学生的理解还不十分深刻，特别是在理解不定积分的概念以及积分上限函数与原函数的关系上还存在不足。学生通过本节课的学习可以提高理解能力与辨析能力，还能提高对于积分的计算能力。

3．价值观方面

在研究与探索微积分基本公式的过程中，数学家们克服各种困难，经历了极大的考验。学生在大学数学的学习中常常觉得内容比较抽象难懂，容易出现消极的学习态度和畏难情绪。在本节课的理论教学中，教师将数学家们坚持不懈与不惧困难的精神融入课堂内容，帮助学生树立坚持奋进和积极向上的正面价值观。

二、教学目标

（一）知识传授目标

1．掌握重要公式和求解方法

本节课要求学生理解并掌握微积分基本公式、熟练掌握用微积分基本公式求解简单的定积分的方法与步骤。

2. 了解相关数学史，提升人文素养

通过本节课教学，教师让学生了解与微积分基本公式相关的数学史和历史名人，以及著名的"微积分优先权"的争论，激发学生的学习兴趣，提升学生的人文素养。

（二）能力培养目标

1. 培养学生的归纳概括、逻辑推理、探索创新等能力

通过定积分的定义来计算定积分是非常困难的，特别是当被积函数的结构比较复杂时，这种计算就更加困难，因此寻求简单易行的计算定积分的方法是重要的研究问题。本节课的内容就是在解决上述困难的过程中应运而生的一种方法。教师在教学过程中让学生体会"提出问题—探索发现—解决问题"的意义，进而培养学生探索创新的意识与能力。推导微积分基本公式的过程要综合分析、归纳概括、逻辑推导，在此过程中培养学生归纳概括、逻辑推理和探索创新的能力。

2. 培养学生的综合计算能力、实践应用能力与辩证思维

学生通过学习本节课可以提高综合计算能力与实践应用能力。在一些需要使用特殊计算技巧的定积分计算中，学生需要判断被积函数的类型，从而选择相应的计算方法与技巧，这既可以培养学生细致周密的分析判断能力，又可以培养学生的辩证思维。

3. 培养学生的数学素养与运用能力

微积分基本公式将复杂的定积分的定义式——未定和的极限用极其简约的数学符号来表达，并用极其简洁的方式计算定积分，这充分体现了数学的简约美。教师通过本节课的教学，引导学生认识数学的美，使其把数学理论和方法用在学习、工作中，进而提升学生的数学素养与运用能力。

（三）价值引领目标

1. 培养学生探究科学、追求真理的探索精神

微积分基本公式的研究与建立经历了漫长时间。在讲授这个公式时，教师通过从直观到抽象的分析过程和证明过程，构建数学理论，让学生以

探究的方式学习这一公式。探究式的学习方式可以培养学生探究科学、追求真理的探索精神。

2．引导学生树立积极向上的人生态度和勇于探索的科学精神

微积分基本公式的研究与建立经历了漫长时间，数学家们坚持不懈的努力与勇于探索的精神值得学习。在课程内容中融入数学史，以史为镜、以史明志，让学生在学习数学发展史的过程中逐步树立积极向上的人生态度和勇于探索的科学精神。

（四）过程与方法目标

1．采取探究式教学，激发学生学习内驱力

本节课从物理学中位移与速度的关系入手，以探究的方式讲授内容，并且以探究式提问和课堂思考贯穿教学过程始终，让学生积极参与到教学过程当中，体现"生本"理念，激发学生的学习内驱力，提高学生的学习积极性和主动性。

2．案例教学与数学史回顾结合，创设教学情境，融入课程思政

本节课以一段有关"微积分优先权"之争的话剧引入课程，创设教学情境，吸引学生的注意力与好奇心，让学生不仅回顾了相关的数学发展史，还了解了相关的数学家生平，打破了时空的局限，有身临其境之感。教学内容形象生动，教学形式灵活多样，极大地提高了学生的学习兴趣。

3．对比教学，辨析概念，突出重点

本节课教学内容的重点就是微积分基本公式。一方面，教师通过对比教学让学生看到定积分得到的是数值，进一步加深了学生对不定积分与定积分的概念辨析的理解，避免了两个概念的混淆。另一方面，教师通过对比教学让学生感受到利用微积分基本公式计算定积分远比利用定积分定义或者其几何意义计算定积分简单易行，突出了教学重点。

三、教学方法与手段

（一）教学方法

1. 案例教学结合著名数学史，创设课程教学情境，融入课程思政

本节课以一段有关"微积分优先权"之争的话剧和对物理学中位移与速度关系的探究开启课程，创设教学情境，吸引学生的注意力与好奇心，不仅回顾了相关的数学发展史，还帮助学生了解了相关数学家的生平，提高了学生的学习兴趣和学习欲望。"微积分优先权"之争这段著名的数学史展现了数学家研究与探索数学的艰难历程，彰显了数学家锲而不舍的精神，启发学生在学习和生活中要有毅力。

2. 通过探究式和小组讨论式教学，体现以学生为主体的教学理念

本节课教学从物理学中位移与速度的关系入手，以探究的方式引入新课，并且在整个教学过程设置多个提问环节，引导学生不断思考，以探究式提问和课堂思考贯穿始终，让学生积极参与教学过程，激发学生的学习内驱力，提高学生的学习积极性和主动性。设置小组讨论环节，以增进教学效果。

3. 讲练结合，引导学生学以致用

在例题讲解结束后，设置课堂思考题。本节课教学过程中，随着教学内容的不断推进，教师设置多个提问环节，并在经典例题讲解结束后布置课堂练习题，实现讲练结合，促进学生对知识的掌握，并通过练习让学生学以致用。

（二）教学手段

1. 影像教学 + PPT 展示

以有关"微积分优先权"之争的话剧片段引入新课，激发学生的好奇心与注意力，为新内容的学习铺设良好的场景。在教学过程中用 PPT 给学生展示教学案例和几何图像，生动的画面不仅可以让抽象的内容更加生动直观，还能帮助学生理解和掌握新知识。

2. 传统的"黑板＋粉笔"的板书

教师在讲授本节课的主要知识和重点知识时，配合板书，可以引起学生的注意，达到突出重点的目的。

3. 将数学绘图软件应用到教学中

本节课内容有较多案例和几何图像，为了更好地展示教学内容，教师采用数学绘图软件，以丰富课程内容和教学资源，提高课堂教学的质量。

四、教学过程

（一）教学框架（见表 5 - 11）

表 5 - 11　微积分基本公式的教学框架

时间	教学内容要点
2 分钟	1. "微积分优先权"之争数学史简介
3 分钟	2. 微积分基本公式实例引入
5 分钟	3. 微积分基本公式
6 分钟	4. 典型例题巩固
4 分钟	5. 案例解答与思考
10 分钟	6. 典型例题深化
7 分钟	7. 课堂练习
5 分钟	8. 课堂思考 + 小组讨论
3 分钟	9. 小结与思考拓展

（二）教学过程（见表5－12）

表5－12　微积分基本公式的教学过程

教学环节	教学内容	教学目的
1. "微积分优先权"之争数学史简介（2分钟）		
从数学史引入，创设教学情境，设置悬念。 PPT展示 提问：微积分基本公式到底是谁优先创立的呢？	由华东师范大学学生话剧《物镜天哲》引出"微积分优先权"之争 　　有人说微积分堪称人类智慧最伟大的成就之一，而这个伟大数学成就的创造者是人类历史上最聪慧的科学巨人们，一为英国的艾萨克·牛顿，另一位便是德意志的戈特弗里德·威廉·莱布尼茨。华东师范大学的数学话剧《物镜天哲》演绎了科学史上的经典公案——牛顿与莱布尼茨的"微积分优先权"之争。 艾萨克·牛顿　　戈特弗里德·威廉·莱布尼茨 微积分对数学领域的研究起到了巨大的作用，对于社会的发展、人类文明的进程都有巨大的贡献，在现代的运用也十分广泛，可以被用来解决科技发展和现实生活当中的许多问题。牛顿和莱布尼茨为微积分学的发展作出了卓越贡献。	用学生感兴趣的数学话剧引入新课内容，创设教学情境，设置悬念，激发学生对微积分基本公式的学习兴趣。在课程内容中融入数学史，以史为镜、以史明志，数学家们坚持不懈的努力与勇于探索的精神能激励学生树立积极的人生追求以及勇于探索的科学精神，完成课程思政的目标。

（续上表）

教学环节	教学内容	教学目的
2. 微积分基本公式实例引入（3分钟）		
实例引入，导出新课。 PPT展示	实例引入 　　在变速直线运动中，已知位置函数 $s(t)$ 与速度函数 $v(t)$ 之间有关系：$s'(t) = v(t)$。 　　物体在时间间隔 $[T_1, T_2]$ 内经过的路程为：$\int_{T_1}^{T_2} v(t)\mathrm{d}t = s(T_2) - s(T_1)$。 思考：这种积分与原函数的关系具有普遍性吗？ 教师启发：这个结论在一定条件下是普遍成立的。这就是今天要重点学习的微积分学基本公式，即牛顿—莱布尼茨公式。	通过实例引入的方式让学生对微积分基本公式有一个初步、直观的认识。
3. 微积分基本公式（5分钟）		
公式讲解，深入认识。 PPT加板书：牛顿—莱布尼茨公式。	微积分基本公式（牛顿—莱布尼茨公式） 　　设 $F(x)$ 是连续函数 $f(x)$ 在区间 $[a, b]$ 上的一个原函数，则 $\int_a^b f(x)\mathrm{d}x = F(b) - F(a)$。 证明：已知 $F(x)$ 是连续函数 $f(x)$ 的一个原函数，则 $\Phi(x) = \int_a^x f(t)\mathrm{d}t$ 也是 $f(x)$ 的一个原函数，而函数 $f(x)$ 的任意两原函数只是相差一个常数 C，即 $F(x) = \Phi(x) + C$。 　　于是有 $F(b) - F(a) = \Phi(b) - \Phi(a) = \int_a^b f(t)\mathrm{d}t - \int_a^a f(t)\mathrm{d}t = \int_a^b f(t)\mathrm{d}t = \int_a^b f(x)\mathrm{d}x$，即 $\int_a^b f(x)\mathrm{d}x = F(b) - F(a)$。 　　上式称为牛顿—莱布尼茨公式，也称为微积分基本公式。为了书写方便，$F(b) - F(a)$ 记为 $[F(x)]_a^b$ 或 $F(x)\big|_a^b$。 教师强调：由公式可知，要计算定积分，只需要找到被积函数的一个原函数，将积分上、下限代入求差即可。牛顿—莱布尼茨公式用一种非常简单易行的方式解决了定积分的求解问题。	教师采用层层深入、由特殊到一般的方式引导学生学习微积分基本公式，培养学生自主探索和主动学习的能力。

（续上表）

教学环节	教学内容	教学目的
	4. 典型例题巩固（6分钟）	
例题讲解，巩固新知。 PPT 展示 提问1：如何求出被积函数的一个原函数？ 提问2：用什么方法可求出所围图形的面积？ 提问3：如何求出这个分段函数的定积分？	例题讲解 【例1】计算定积分 $\int_0^1 \dfrac{x^2}{1+x^2}dx$。 思考1：如何求出被积函数的一个原函数？ 分析：根据不定积分的知识可知，可以将被积函数恒等变形。 解：$\int_0^1 \dfrac{x^2}{1+x^2}dx = \int_0^1 \dfrac{x^2+1-1}{1+x^2}dx$ $= \int_0^1 \left(1 - \dfrac{1}{1+x^2}\right)dx$ $= \left[x - \arctan x\right]_0^1 = 1 - \dfrac{\pi}{4}$。 【例2】计算正弦函数 $y = \sin x$ 在 $[0, \pi]$ 上与 x 轴所围成的面积。 思考2：用什么方法可求出所围图形的面积？ 分析：根据定积分的几何意义可知，所围面积等于正弦函数 $y = \sin x$ 在 $[0, \pi]$ 上的定积分。 解：$A = \int_0^{\pi} \sin x dx = -\cos x \Big|_0^{\pi} = -(-1-1) = 2$。 【例3】设 $f(x) = \begin{cases} x-1, & -1 \leqslant x \leqslant 1, \\ \dfrac{1}{x}, & 1 < x \leqslant 2, \end{cases}$ 求 $\int_{-1}^2 f(x)dx$。 思考3：如何求出这个分段函数的定积分？ 分析：根据定积分的区间可加性，分段积分。 解：函数 $f(x)$ 在 $[-1, 2]$ 上是分段连续的，于是	通过对典型例题的讲解让学生进一步理解微积分基本公式并更好地运用该公式求解定积分，鼓励学生用理论联系实际、学以致用；通过互动式教学和问题驱动的教学方法引导学生积极思考、主动参与教学活动。

（续上表）

教学环节	教学内容	教学目的
	$$\int_{-1}^{2} f(x)\,dx = \int_{-1}^{1}(x-1)\,dx + \int_{1}^{2}\frac{1}{x}\,dx$$ $$= \left[\frac{x^2}{2}-x\right]_{-1}^{1} + \left[\ln|x|\right]_{1}^{2}$$ $$= \ln 2 - 2。$$ 教师小结：从例题可以看出微积分基本公式用于求解定积分非常简便，求解的关键在于找出被积函数的一个原函数。如果被积函数是分段函数，并在各段上连续，那么要利用积分区间可加性，分段积分。	
	5. 案例解答与思考（4分钟）	
案例解答，消除疑惑。 PPT 展示 提问1：如何用数学表达式表示汽车行驶的路程？	案例解答 汽车以 36 km/h 的速度行驶，到某处需要减速停车，设汽车以等加速度 $a=-5$ m/s² 刹车，请问从开始刹车到停车，汽车走了多远？ 思考1：如何用数学表达式表示汽车行驶的路程？ 解：由题设可知，设汽车开始刹车时刻 $t=0$ 时，速度为 $v_0=10$ m/s，刹车后减速行驶，其速度为 $v(t)=v_0+at=10-5t$；当汽车停住时，速度 $v(t)=0$，即 $v(t)=10-5t=0$，得 $t=2$。 故从开始刹车到停车，汽车所走的路程为 $$S=\int_0^2 v(t)\,dt = \int_0^2 (10-5t)\,dt = \left[10t-5\frac{t^2}{2}\right]_0^2 = 10 \text{ m}。$$ 即刹车后，汽车需要走 10 m 才能停住。	通过案例解答进一步加深学生对公式的理解与掌握，培养学生勤于思考、求真务实的精神。

（续上表）

教学环节	教学内容	教学目的
<u>PPT 展示</u> <u>提问 2</u>：被积函数是绝对值函数时应该如何求解？	思考题：计算 $\int_{-1}^{3} \lvert 2-x \rvert \mathrm{d}x$。 思考 2：被积函数是绝对值函数时应该如何求解？ 分析：先分区间，去掉绝对值符号，即将被积函数表示为一个分段函数，再分段积分。 解：因为 $\lvert 2-x \rvert = \begin{cases} 2-x, & x \leqslant 2, \\ x-2, & x > 2, \end{cases}$ 所以 $\int_{-1}^{3} \lvert 2-x \rvert \mathrm{d}x = \int_{-1}^{2}(2-x)\mathrm{d}x + \int_{2}^{3}(x-2)\mathrm{d}x$ $= \left[2x - \dfrac{x^2}{2} \right]_{-1}^{2} + \left[\dfrac{x^2}{2} - 2x \right]_{2}^{3}$ $= 5$。 教师小结：牛顿—莱布尼茨公式的适用条件是被积函数在积分区间上是连续的。当被积函数在积分区间上是分段连续且有界时，仍然可以应用牛顿—莱布尼茨公式。 课程思政：微积分基本公式的创立经历了漫长的时间和艰难的探索，激励学生在学习和生活中也要有坚持不懈的毅力。	牛顿—莱布尼茨公式极大地简化了定积分的计算，而公式研究与探索的艰难历程以及数学家们锲而不舍的追求，启发学生在学习和生活中也要有坚持不懈的毅力和精神。
	6. 典型例题深化（10 分钟）	
例题拓展，深化新知。 <u>PPT 展示</u>	例题讲解 【例 4】计算 $\int_{-1}^{2} x^4 \mathrm{d}x$。 分析：直接利用牛顿—莱布尼茨公式求解。 解：由于 $\dfrac{x^5}{5}$ 是 x^4 的一个原函数，所以由牛顿—莱布尼茨公式得 $\int_{-1}^{2} x^4 \mathrm{d}x = \left[\dfrac{x^5}{5} \right]_{-1}^{2} = \dfrac{2^5}{5} - \dfrac{(-1)^5}{5} = \dfrac{33}{5}$。	通过实例加深学生对新知识的理解和掌握，培养学生举一反三、灵活思变的能力和追求真理的科学精神。

（续上表）

教学环节	教学内容	教学目的
提问1：被积函数是绝对值函数时应该如何求解？ PPT 展示 提问2：直接求解这个极限容易吗？ 提问3：观察极限规律，你能结合我们所学的知识转化求解吗？	【例5】计算 $\int_{-2}^{3} |x-1|\,dx$。 思考1：被积函数是绝对值函数时应该如何求解？ 分析：先分区间，去掉绝对值符号，即将被积函数表示为一个分段函数，再分段积分。 解：被积函数含有绝对值符号，应先去掉绝对值符号，由于 $|x-1| = \begin{cases} x-1, & 1 \leqslant x \leqslant 3, \\ 1-x, & -2 \leqslant x < 1, \end{cases}$ 于是 $\int_{-2}^{3} |x-1|\,dx = \int_{-2}^{1}(1-x)\,dx + \int_{1}^{3}(x-1)\,dx$ $= \left[x - \dfrac{x^2}{2} \right]_{-2}^{1} + \left[\dfrac{x^2}{2} - x \right]_{1}^{3} = \dfrac{13}{2}$。 【例6】求极限 $\lim\limits_{n \to \infty} \dfrac{1}{n}\left(\sqrt{1 + \dfrac{1}{n}} + \sqrt{1 + \dfrac{2}{n}} + \cdots + \sqrt{1 + \dfrac{n}{n}} \right)$。 思考2：直接求解这个极限容易吗？ 思考3：观察极限规律，你能结合我们所学的知识转化求解吗？ 分析：可以利用定积分的定义，将此极限转化为定积分求解。 解：因为 $\dfrac{1}{n}\left(\sqrt{1 + \dfrac{1}{n}} + \sqrt{1 + \dfrac{2}{n}} + \cdots + \sqrt{1 + \dfrac{n}{n}} \right) = \sum\limits_{i=1}^{n} \dfrac{1}{n} \sqrt{1 + \dfrac{i}{n}}$，这个和式可以看作函数 $f(x) = \sqrt{1+x}$ 在区间 $[0, 1]$ 上的定积分。因为函数 $f(x)$ 在区间 $[0, 1]$ 上连续，所以 $f(x)$ 在区间 $[0, 1]$ 上可积，将区间 $[0, 1]$ n 等分，并取 ξ_i 为小区间 $\left[\dfrac{i-1}{n}, \dfrac{i}{n} \right]$ 的右端点，每一小区间长度 $\Delta x_i = \dfrac{1}{n}$，所以 $\lim\limits_{n \to \infty} \dfrac{1}{n}\left(\sqrt{1 + \dfrac{1}{n}} + \sqrt{1 + \dfrac{2}{n}} + \cdots + \sqrt{1 + \dfrac{n}{n}} \right)$ $= \lim\limits_{n \to \infty} \sum\limits_{i=1}^{n} \dfrac{1}{n} \sqrt{1 + \dfrac{i}{n}} = \int_{0}^{1} \sqrt{1+x}\,dx$ $= \left[\dfrac{2}{3}(1+x)^{\frac{3}{2}} \right]_{0}^{1} = \dfrac{2}{3}(2\sqrt{2} - 1)$。	通过在例题中运用前面章节的知识，学生可以温故知新，在学习新知识的同时不断复习巩固前面所学，使知识具有连贯性和系统性，同时培养综合运用知识的能力。

（续上表）

教学环节	教学内容	教学目的
7. 课堂练习（7分钟）		
课堂练习，讲练结合，内化知识。 __PPT展示__ __提问__：以未知函数$f(x)$为被积函数的定积分是未知的，应该如何求出$f(x)$呢？	练习题 设$f(x) = x^2 - x\int_0^2 f(x)\,dx + 2\int_0^1 f(x)\,dx$，求$f(x)$。 思考：在这里$f(x)$是未知的，故以它为被积函数的定积分也是未知的，应该如何求出此函数呢？ 分析：因为定积分是常数，所以可以用积分法求此常数。 解：设$\int_0^1 f(x)\,dx = a$，$\int_0^2 f(x)\,dx = b$， 则$f(x) = x^2 - bx + 2a$。 则$a = \int_0^1 f(x)\,dx = \left[\dfrac{x^3}{3} - \dfrac{bx^2}{2} + 2ax\right]_0^1 = \dfrac{1}{3}$ $-\dfrac{b}{2} + 2a$，$b = \int_0^2 f(x)\,dx = \left[\dfrac{x^3}{3} - \dfrac{bx^2}{2} + 2ax\right]_0^2 =$ $\dfrac{8}{3} - 2b + 4a$。 解方程组可得：$a = \dfrac{1}{3}$，$b = \dfrac{4}{3}$。 则$f(x) = x^2 - \dfrac{4}{3}x + \dfrac{2}{3}$。 小结：求解的未知函数表达式中如果含有未知函数的定积分，则可用积分法求解。	通过课堂练习巩固、强化新知，加速学生对知识的内化，提升课堂学习的效果。
8. 课堂思考+小组讨论（5分钟）		
数形结合，课堂思考，小组讨论，形成结论。 __PPT展示__	思考题：确定常数a，b，c的值，使$\lim\limits_{x\to 0}\dfrac{ax - \sin x}{\int_b^x \ln(1+t^2)\,dt} = c(c\neq 0)$。 教师要求：请以小组讨论的形式思考这个题目，请注意题目中包含一个积分上限函数，应该用什么方法求解？ 答案：原式$= \lim\limits_{x\to 0}\dfrac{a - \cos x}{\ln(1+x^2)} = \lim\limits_{x\to 0}\dfrac{a-\cos x}{x^2} = c \Rightarrow$ $a = 1$，$b = 0$，$c = \dfrac{1}{2}$。	用课堂拓展题巩固学生对本节知识的理解与运用。

（续上表）

教学环节	教学内容	教学目的
	9. 小结与思考拓展（3分钟）	
小结加深学生对本节课内容的印象，引导学生对下节课要解决的问题进行思考。	小结（2分钟） （1）微积分基本公式（牛顿—莱布尼茨公式）。 （2）利用微积分基本公式求解定积分的方法与步骤。	培养学生总结梳理知识点的习惯，使其在总结中对整节课形成系统的认识。
	思考拓展（1分钟） （1）不定积分的积分方法有哪几种？ （2）定积分的积分法有几种？它们分别是怎样的？这些方法与不定积分的积分方法有哪些相似之处？ （3）请查阅书籍资料，了解微积分基本公式的发展史以及"微积分优先权"之争的相关历史事件及相关数学家。	根据本节课内容给出一些思考拓展问题，引出下一节课的教学问题。

（三）教学评价

本节课的教学内容是有关定积分计算的重要内容之一。教学重点是微积分基本公式以及运用微积分基本公式求解定积分的基本方法。

本节课以一段有关"微积分优先权"之争的话剧和对物理学中位移与速度关系的探究来开启课程，创设教学情境，吸引学生的注意力，不仅回顾了相关的数学发展史，还帮助学生了解了相关数学家的生平，提高学生的学习兴趣。在教学过程中，教师特别注意新旧知识的内在联系与前后呼应，重视对学生综合运用新旧知识的能力的培养。

课堂设置小组讨论环节，让学生自主探究教师提出的问题，充分体现教学的"生本"理念。讨论环节可以让学生积极主动地参与到教学过程中，自主探究结论的过程可以培养学生独立思考、开拓创新的能力，激发学生的认知潜能。讲练结合的教学方法鼓励学生学以致用，可以培养学生理论联系实际的能力和动手能力。多种教学方法的灵活使用调动了学生的学习积极性，活跃了课堂气氛，促进学生主动思考，达到了较令人满意的教学效果。

本节课将数学发展史融入课堂内容，微积分基本公式的研究与建立经历了漫长的时间，数学家们坚持不懈的努力与勇于探索的精神值得学生学习。教师在课程教学中融入数学史，以史为镜、以史明志，让学生在学习数学发展史的过程中逐步树立积极向上的人生态度和勇于探索的科学精神，巧妙地达到了课程思政的目的，真正做到"思政入课堂，润物细无声"。

（四）板书设计

1. "微积分优先权"之争：牛顿 VS 莱布尼茨

2. 微积分基本公式（牛顿—莱布尼茨公式）：$\int_a^b f(x)\,\mathrm{d}x = F(b) - F(a)$

3. 例题讲解

五、教学反思

（一）教学成效及问题反思

1. 由于课堂时间限制，小组讨论环节时间较紧张，讨论效果欠佳

小组讨论是让学生积极参与教学环节的一个非常有效的方式，不仅可以活跃课堂气氛，还能够让学生积极思考、主动学习，培养学生的团队意识和协作精神。但是由于课堂时间有限，分组讨论环节的时间不够充裕，限制了学生的参与度，学生的讨论不够深入和全面，仅仅浅尝辄止，导致讨论效果欠佳。

2. 学生对新旧知识的综合运用能力有待进一步提高

由于本节课教学内容中涉及的新旧知识比较多，学生对旧知识熟悉度较低，在综合运用新旧知识方面有些力不从心。

3. 学生对新方法的理解和掌握不够深入

教师在讲授微积分基本公式的过程中会运用一些灵活多样的方法与技

巧，但是学生在运用这些方法和技巧时有困难，这说明其对新方法的掌握不够到位，理解上也容易出现偏差。

（二）改进措施

1. 充分利用信息技术，弥补课堂不足

由于课堂时间有限而不能充分地进行课堂分组讨论，教师可以利用在线教学平台，为学生创造一个可以进行课后讨论的平台，打破课堂的时空局限。同时，教师可以在平台发布学习任务，让学生课后查阅有关理论的现实应用，这不仅可以拓展学生的知识面，构建更加完善的知识体系，提高其综合素养，还能培养学生查阅文献和自主学习的能力。

2. 增加互动交流，及时了解学情反馈

为了更好地发现学生在理解定理时的盲点，教师可以在教学设计中增加互动环节，让师生之间的交流更加充分。学生的学习情况能更加及时地反馈给教师，教师可以根据学生的反馈灵活调整课堂节奏，并针对存在的问题及时加以指导，促使学生更好地掌握课堂内容。互动环节能活跃课堂气氛，让学生更多地参与到教学活动中，提高学生的学习主动性与积极性，进而提升课堂学习效果。

六、课后作业和预习任务

（一）课后作业

（1）课本教材习题 4－2：7（1）、（2）、（5）、（7）。

（2）通过智慧树网址 http://t. zhihuishu. com/EwGBE？courseId = 10328967观看本节课教学视频。

（3）思考拓展：

①请查阅书籍资料，了解微积分基本公式的发展史以及"微积分优先权"之争的相关历史事件及相关数学家。

②请查阅书籍资料，了解微积分基本公式在哪些方面得到应用。

（二）预习任务

（1）预习教材"4.2 定积分的换元法与分部积分法"的内容。

（2）通过智慧树网址 http://t.zhihuishu.com/EwGBE? courseId = 10328967观看"定积分的换元法与分部积分法"慕课视频。

第七节 大学数学课堂教学设计
——二重积分的概念

主题名称：二重积分的概念

课　　时：1 学时

一、学情及内容分析

（一）教学内容分析

1. 教学内容

17 世纪，牛顿、莱布尼茨创造了微积分的基本方法。一元函数的定积分可以求解平面图形的面积和已知平行截面面积函数的立体体积。随着科学技术和生产实践的不断发展，定积分已经不能解决空间形体的体积、曲面的面积、空间物体的质量和重心以及转动惯量等问题。到 18 世纪，随着对函数和极限问题研究的深入，伯努利、欧拉、拉格朗日、克雷尔、达朗贝尔、麦克劳林等数学家把定积分解决问题的基本方法——"分割—近似—求和—取极限"用于解决前述问题，并把定积分概念推广到二重积分。二重积分在几何学、物理学、经济学中都有广泛的应用。本节课以两个问题——求曲顶柱体的体积和求非匀质平面薄片的质量为实例引入，将这两类不同的问题采用相似的处理方法和步骤予以解决，然后抽象出其数学特征，即为二重积分。在此基础上，本节课还将介绍二重积分的几何意义和性质。

2．教学重点

（1）二重积分的概念。

（2）二重积分的几何意义。

（3）二重积分的性质。

3．教学难点

（1）二重积分的概念。

（2）二重积分的几何意义求解二重积分的方法。

（3）二重积分的性质。

（二）学生情况分析

1．知识方面

学生已经学习了定积分，理解了定积分的基本思想——"无限求和"，了解了定积分解决问题的基本方法——"分割—近似—求和—取极限"。二重积分的基本思想和基本方法正是定积分的基本思想和方法的推广。定积分的知识是学生学习二重积分知识的基础。

2．能力方面

二重积分的概念引入是一个比较困难的过程，有比较复杂的步骤和计算，需要学生具备较强的逻辑思维能力和抽象概括能力。学生通过学习定积分概念，已经具备了一定的从直观认知到抽象概括的能力和计算能力，但是逻辑推理能力有待进一步提高。

3．价值观方面

本节课的内容比较抽象，概念的形成过程比较复杂，因此学生在学习中容易出现消极态度、逃避心理和畏难情绪。在教学过程中教师要注意引导学生树立信心，明确学习的目的和意义。

二、教学目标

（一）知识传授目标

1．掌握基本概念和求解方法

本节课要求学生理解求曲顶柱体的体积和求非匀质平面薄片的质量的

步骤和方法，掌握二重积分的概念和性质，理解二重积分的几何意义，学会根据二重积分的几何意义求解一些简单的二重积分。

2. 了解数学史和应用实例，拓展知识积累，形成学以致用的理念

通过本节课的教学，教师让学生了解多元函数积分学的发展历史以及相关的数学家，拓宽学生的知识面，开阔学生的视野，拓展学生的知识积累。将应用案例融入课堂教学内容，让学生从实际应用的层面了解所学数学知识的实用性，增强学生学习的信心，帮助其建立理论联系实际、学以致用的理念。

（二）能力培养目标

1. 培养学生的抽象思维、逻辑推理和归纳概括等能力

教师通过求曲顶柱体的体积和求非匀质平面薄片的质量两个实例引出二重积分的概念。虽然它们是两类不同的问题，但我们可以采用相似的处理方法和步骤来解决，并抽象出其数学特征，即为二元函数的二重积分。教师通过这种从具体实例到概括定义的推导过程可以培养学生从直观到抽象的抽象思维、归纳概括和逻辑推理能力。教师在推导上述问题的过程中运用了"化整为零"和"积零为整"的思想和方法，可以培养学生的高阶思维能力。

2. 提高学生的综合计算能力和空间思维能力

本节课中，利用二重积分的几何意义求解定积分会涉及比较多的空间立体的体积计算，通过对这部分内容的学习和练习，学生可以提高自身的综合计算能力以及空间思维能力。

3. 培养学生的数学审美能力

二重积分用极其简约的数学符号刻画了深刻而丰富的数学内涵，这充分体现了数学的简洁美；二重积分概念的形成过程展现了从直观事物到抽象概念的抽象美。教师通过本节课的讲解可以引导学生认识数学的美、欣赏数学的美。

（三）价值引领目标

1. 培养学生不畏困难、踏实进取的求知精神

以计算曲顶柱体的体积和非匀质平面薄片的质量这两个实际问题引入

新课，通过由直观到抽象、由具体到抽象的方式，层层深入地介绍二重积分的概念。曲顶柱体的体积计算要求学生具有较好的空间思维能力，这对学生来说是一个难点，教师环环紧扣、由浅入深的教学过程打消了学生的畏难情绪，引导学生在学习中要有不畏艰难、迎难而上的勇气，鼓励学生踏实进取、开拓创新。

2. 培养学生求真务实、知行合一的实践精神

在教学内容中，将数学方法与实际应用相结合，用理论知识解决实际问题，培养学生理论联系实际、学以致用的实践精神。

（四）过程与方法目标

1. 通过对比教学，提炼共性形成思想，串联知识形成条理

教师将曲边梯形的求解方法与曲顶柱体的体积计算进行对比教学，让学生体会解决两个不同问题时的共同之处，既概括提炼出共同的"四步法"，又将新旧知识串联，帮助学生温故知新，构建有条理的知识体系，形成良好的学习习惯。对比平顶柱体体积计算方法，找到曲顶柱体与平顶柱体的差异，通过转化分解，寻找问题的突破口。

2. 创设教学情境，设置"提问＋思考"环节促进知识内化

教师介绍二重积分的发展史以及相关的数学家，不仅恰当地创设了教学情境，吸引学生的注意力，还拓展了学生的数学史知识，激发学生学习本节课程的兴趣。教学过程中，教师根据教学内容与教学节奏，以启发式提问和课堂思考题贯穿始终，鼓励学生积极参与到教学过程当中，并促使学生更好地理解和运用知识，促进知识内化。

3. 以数形结合的方式突破定义的理解壁垒

教师用数形结合的方法讲解二重积分的概念，可以帮助学生直观地理解定义，突破定义的理解壁垒，提升教学效果。

4. 理论与应用相结合，鼓励学生学以致用

本节课教学设计在二重积分的几何意义讲解后设置练习题目。利用二重积分的几何意义求解二重积分，可以培养学生学以致用的能力以及理论联系实际的能力。

三、教学方法与手段

（一）教学方法

1. 利用对数学史、数学家的介绍和案例教学，创设课程教学情境，对比分析突破问题

本节课介绍与二重积分发展相关的数学史和数学家，为整堂课创设良好的教学情境。对比曲顶柱体的体积计算与平顶柱体体积计算的方法，找到曲顶柱体与平顶柱体的差异，通过转化分解，寻找问题的突破口。案例教学可以吸引学生的注意力，激发学生的学习欲望；对比教学帮助学生知识迁移，有效提高学生的学习信心和学习兴趣。

2. 运用"问题驱动课堂"的教学方式，提升课堂教学效果

本节课从学生以现有知识不能解决的问题（计算曲顶柱体的体积和非匀质平面薄片的质量）入手，利用问题驱动的方式引导学生利用已知知识解决未知问题，通过问题分解、层层深入、总结归纳、抽象概括的方式最终得到二重积分的概念。在问题驱动教学的方式下，学生更加积极地思考问题，更加主动地参与到教学中。这使得课堂教学效率和学生的学习积极性都明显提高。

3. 运用互动教学模式，增进师生交流

本节课教学过程中，随着教学内容的不断推进，教师设置多个提问环节，并在经典例题讲解结束后设置思考题，其目的是让学生积极思考、积极探索并更加主动地参与到教学过程中，充分体现"学生为主体，教师为主导"的"生本"教学理念，鼓励学生积极思考，提高学生的学习主动性。

（二）教学手段

1. 线上教学与线下教学相结合

教师在讲授本节课的主要知识和重点知识时，可以搭配在线教学平台，从而开阔教学渠道，丰富师生交流通道。

2. 多媒体教学与传统的"黑板＋粉笔"的板书相结合

教师用 PPT 给学生展示数形结合的教学内容。教师用 PPT 动画展示求解曲顶柱体体积时分割、求和、近似、无限逼近的过程，生动直观的画面可以吸引学生的注意力，提高其学习兴趣。教师在讲授本节课的主要知识和重点知识时配合板书，可以引起学生的注意，达到突出重点的目的。

3. 将数学绘图软件应用到教学中

为了更好地展示二重积分的几何意义，教师把数学绘图软件应用到对教学资源的准备中，可以丰富课程内容，提高教学资源的质量。

四、教学过程

（一）教学框架（见表 5 - 13）

表 5 - 13　二重积分的概念的教学框架

时间	教学内容要点
2 分钟	1. 二重积分的背景介绍
6 分钟	2. 曲顶柱体的体积
4 分钟	3. 非匀质平面薄片的质量
4 分钟	4. 二重积分的概念
2 分钟	5. 二重积分存在的充分条件
5 分钟	6. 二重积分的几何意义及应用举例
15 分钟	7. 二重积分的性质
4 分钟	8. 课堂思考
3 分钟	9. 小结与思考拓展

（二）教学过程（见表 5 - 14）

表 5 - 14　二重积分的概念的教学过程

教学环节	教学内容	教学目的
	1. 二重积分的背景介绍（2 分钟）	
简要介绍二重积分的发展史和应用情况，创设教学情境，切入新课内容。 PPT 展示	背景介绍 　　17 世纪，牛顿、莱布尼茨创造了微积分的基本方法。一元函数的定积分可以求解平面图形的面积和已知平行截面面积函数的立体体积。随着科学技术和生产实践的不断发展，定积分已经不能解决空间形体的体积、曲面的面积、空间物体的质量和重心以及转动惯量等问题。到 18 世纪，随着对函数和极限问题研究的深入，伯努利、欧拉、拉格朗日、克雷尔、达朗贝尔、麦克劳林等数学家把定积分解决问题的基本方法——"分割—近似—求和—取极限"用于解决前述问题，并把定积分概念推广到二重积分。二重积分在几何学、物理学、经济学中都有广泛的应用。 实例引入 　　中国国家大剧院的体积应该怎么计算呢？通过观察国家大剧院的图片，我们可以看到这个建筑不是平顶柱体，而是曲顶柱体。曲顶柱体的体积如何求得呢？	对二重积分的相关数学史和数学家的介绍可以让学生产生学习兴趣，并激发学生的求知欲。

（续上表）

教学环节	教学内容	教学目的
	2. 曲顶柱体的体积（6分钟）	
PPT加板书 提问1：曲顶柱体的体积怎么求解？ 提问2：如何利用平顶柱体体积求解曲顶柱体体积？ 提问3：如何解决替代的时候误差太大的问题呢？	曲顶柱体的体积 　　以 xOy 平面上的有界闭区域 D 为底，以连续曲面 $z = f(x, y) \geqslant 0$ 为顶，它的侧面是以 D 的边界曲线为准线而母线平行于 z 轴的柱面，这种立体称为曲顶柱体。下面来求曲顶柱体的体积 V。 思考1：我们已经会求平顶柱体的体积，平顶柱体体积＝底面积×高，那么这样的曲顶柱体的体积怎么求解呢？ 分析：要"利用已知解决未知"，即利用平顶柱体体积求解办法来计算。 思考2：如何利用已知的平顶柱体体积求解曲顶柱体体积？ 分析：可以用平顶柱体体积近似代替。 思考3：如何减小替代时的误差呢？ 分析：先进行分割，分割得越细密，误差就会越小。 	通过利用"分割—近似—求和—取极限"的方法求解曲顶柱体的体积，给学生传递"利用已知解决未知"的数学思想。

（续上表）

教学环节	教学内容	教学目的
在"利用已知解决未知"的思想指导下，利用平顶柱体体积求解办法来计算曲顶柱体体积。 PPT加板书	求解步骤 1. 分割 　用任意一组曲线把 D 分成 n 个小闭区域：$\Delta\sigma_1$，$\Delta\sigma_2$，…，$\Delta\sigma_n$，分别以这些小闭区域的边界曲线为准线，作母线平行于 z 轴的柱面，这些柱面把原来的曲顶柱体分为 n 个小曲顶柱体。 2. 近似 　以第 i 个小曲顶柱体为例，在第 i 个区域上任取一点间 $(\xi_i，\eta_i)$，以 $\Delta\sigma_i$ 为底，以 $f(\xi_i，\eta_i)$ 为高的平顶柱体近似代替小曲顶柱体的体积，即 $\Delta V_i \approx f(\xi_i，\eta_i)\Delta\sigma_i$ （$i=1，2，…，n$）。 3. 求和 　将这 n 个小曲顶柱体体积的近似值相加，就得到曲顶柱体体积的近似值，即 $V = \sum_{i=1}^{n}\Delta V_i \approx \sum_{i=1}^{n}f(\xi_i，\eta_i)\Delta\sigma_i$。 4. 取极限 　显然，分割越细密，即 $\Delta\sigma_i(i=1，2，…，n)$ 越小，则 $f(\xi_i，\eta_i)\Delta\sigma_i$ 的值与 ΔV_i 就越接近，从而 $\sum_{i=1}^{n}f(\xi_i，\eta_i)\Delta\sigma_i$ 也越接近于曲顶柱体的体积 V。令 n 个小闭区域的直径中的最大值（记作 λ）趋于零，取上述和的极限，所得的极限便自然地定义为所讨论曲顶柱体的体积 V，即 $V = \lim_{\lambda\to 0}\sum_{i=1}^{n}f(\xi_i，\eta_i)\Delta\sigma_i$。 小结：曲顶柱体体积的求解归结为一个和式的极限问题。	通过数形结合的方式，让学生直观感受曲顶柱体体积最终如何表达为一个未定和式的极限的过程。整个推导过程都采用启发式提问的方式推进，可以引导学生积极思考、主动参与教学活动，同时培养学生的逻辑思维能力和严密的推理能力。

（续上表）

教学环节	教学内容	教学目的
	3．非匀质平面薄片的质量（4分钟）	

PPT加板书
 	
提问1：如何求解非匀质平面薄片的质量？
 	
提问2：如何在匀质薄片质量与非匀质薄片质量之间建立联系呢？
	非匀质平面薄片的质量
	  设有一非匀质平面薄片占有 xOy 面上的闭区域 D，它在点 (x, y) 处的面密度为 $\rho(x, y)$，这里 $\rho(x, y) > 0$ 且在 D 上连续。现在要计算该非匀质平面薄片的质量 M。
	
	思考1：如何求解非匀质平面薄片的质量？
	分析：如果薄片是均匀的，即面密度是常数，则薄片的质量可以用公式：质量＝面密度×面积来计算，现在面密度 $\rho(x, y)$ 是变量，薄片的质量就不能直接用上式来计算。
	思考2：如何利用均匀平面薄片质量公式来解决未知问题？
	分析：由于 $\rho(x, y)$ 连续，把薄片分成许多小块后，只要小块所占的小闭区域 $\Delta\sigma_i$ 的直径很小，这些小块就可以近似地看作均匀薄片。可以用处理曲顶柱体体积问题的方法来计算。
	求解步骤
	1．分割
	  将区域 D 分成 n 个小闭区域 $\Delta\sigma_1$，$\Delta\sigma_2$，…，$\Delta\sigma_n$。
	2．近似
	  在 $\Delta\sigma_i$ 上任取一点 (ξ_i, η_i)，则第 i 个小块的质量的近似值表示为 $\Delta M_i \approx \rho(\xi_i, \eta_i)\Delta\sigma_i$（$i = 1, 2, …, n$）。
		通过非匀质薄片的质量求解问题，进一步熟悉和理解"分割—近似—求和—取极限"的方法，体会求解过程中从有限到无限的极限思想，为下一步学习二重积分的定义作铺垫。

（续上表）

教学环节	教学内容	教学目的
PPT加板书	3. 求和 将 n 个小区域的质量相加，就得到质量的近似值为 $M = \sum_{i=1}^{n} \Delta M_i \approx \sum_{i=1}^{n} \rho(\xi_i, \eta_i)\Delta\sigma_i$。 4. 取极限 显然，当 n 个小闭区域的最大直径 $\lambda \to 0$ 时，若 $\sum_{i=1}^{n} \rho(\xi_i, \eta_i)\Delta\sigma_i$ 的极限值就是薄片的质量 M，即 $M = \lim_{\lambda\to 0}\sum_{i=1}^{n} \rho(\xi_i, \eta_i)\Delta\sigma_i$。 小结：从上面两个例子可以看出，虽然问题的背景不同，但是它们都可归结为对问题的某些量进行"分割—近似—求和—取极限"，或者说都可归结为同一形式的和的极限。	
4. 二重积分的概念（4分钟）		
抽象概括，形成概念。 PPT加板书	二重积分的概念 定义：设 $f(x, y)$ 是有界闭区域 D 上的有界函数。将闭区域 D 任意分成 n 个小闭区域 $\Delta\sigma_1$，$\Delta\sigma_2$，…，$\Delta\sigma_n$，其中 $\Delta\sigma_i$ 表示第 i 个小区域，也表示它的面积。在每个 $\Delta\sigma_i$ 上任取一点 (ξ_i, η_i)，作乘积 $f(\xi_i, \eta_i)\Delta\sigma_i$ $(i=1, 2, …, n)$，并作和 $\sum_{i=1}^{n} f(\xi_i, \eta_i)\Delta\sigma_i$。如果当每个小闭区域的直径中的最大值 λ 趋于零时，这和的极限总存在，则称此极限为函数 $f(x, y)$ 在闭区域 D 上的二重积分，记作 $\iint\limits_D f(x,y)\mathrm{d}\sigma$，即 $\iint\limits_D f(x,y)\mathrm{d}\sigma = \lim_{\lambda\to 0}\sum_{i=1}^{n} f(\xi_i, \eta_i)\Delta\sigma_i$。	归纳总结，形成概念，培养学生的抽象概括、归纳总结的能力。运用二重积分表示曲顶柱体体积和非匀质平面薄片的质量，这两个例子可以加深学生对定义的理解，培养学生学以致用的能力。

（续上表）

教学环节	教学内容	教学目的
提问：根据二重积分的概念，曲顶柱体的体积和非匀质平面薄片的质量如何用二重积分表示？	 其中 $f(x,y)$ 称为被积函数，$f(x,y)\mathrm{d}\sigma$ 称为被积表达式，$\mathrm{d}\sigma$ 称为面积元素，x 与 y 称为积分变量，D 称为积分区域，$\sum_{i=1}^{n} f(\xi_i,\eta_i)\Delta\sigma_i$ 称为积分和。 对定义的说明 在直角坐标系中用平行于坐标轴的直线网格来划分 D，那么除了包含边界点的一些小闭区域外，其余的小闭区域都是矩形闭区域。设矩形闭区域 $\Delta\sigma_i$ 的边长为 Δx_j 和 Δy_k，则 $\Delta\sigma_i = \Delta x_j \cdot \Delta y_k$，也把面积元素 $\mathrm{d}\sigma$ 记作 $\mathrm{d}x\mathrm{d}y$，而把二重积分记作：$\iint\limits_{D} f(x,y)\mathrm{d}x\mathrm{d}y$。 分析：结合二重积分的定义可知，曲顶柱体体积：$V=\iint\limits_{D} f(x,y)\mathrm{d}\sigma$；非匀质平面薄片质量：$M=\iint\limits_{D}\rho(x,y)\mathrm{d}\sigma$。 教师小结：不要忽视小的力量，积少成多，滴水穿石，在学习中要坚持不懈，每天进步一点点，长此以往就能取得大的进步。"不积跬步，无以至千里；不积小流，无以成江海。"	

课程思政视域下大学数学教学改革与实践

（续上表）

教学环节	教学内容	教学目的
	5. 二重积分存在的充分条件（2分钟）	
给出二重积分存在的充分条件，并通过一个思考题巩固学生对定义的理解。 PPT 展示	定理：$f(x, y)$ 在闭区域 D 上连续时，二重积分 $\iint\limits_{D} f(x,y)\mathrm{d}x\mathrm{d}y$ 一定存在。 教师提醒：连续函数一定可积。 思考题：$\iint\limits_{D} f(x,y)\mathrm{d}\sigma = \lim\limits_{\lambda\to 0}\sum\limits_{i=1}^{n} f(\xi_i,\eta_i)\Delta\sigma_i$ 中，λ 是（　　　）。 　A. 最大小区间长度 　B. 小区域的最大面积 　C. 小区域直径 　D. 最大小区域直径 答案：D	通过一道思考题巩固学生对二重积分的理解。
	6. 二重积分的几何意义及应用举例（5分钟）	
以数形结合的方式讲解二重积分的几何意义，并简单运用。 PPT 展示	二重积分的几何意义 （1）如果 $f(x, y) \geqslant 0$，被积函数 $f(x, y)$ 可解释为曲顶柱体的顶在点 (x, y) 处的竖坐标，所以二重积分 $\iint\limits_{D} f(x,y)\mathrm{d}x\mathrm{d}y$ 的几何意义就是曲顶柱体的体积。 	利用数形结合的方式讲解二重积分的几何意义，并运用几何意义求解二重积分，这不仅能帮助学生加深对二重积分的理解，还能引导学生学以致用。

230

（续上表）

教学环节	教学内容	教学目的
提问：为何当 $f(x,y) \leq 0$ 时 $\iint\limits_D f(x,y)\mathrm{d}x\mathrm{d}y$ 为负呢？	（2）如果 $f(x, y) \leq 0$，曲顶柱体就在 xOy 面的下方，二重积分 $\iint\limits_D f(x,y)\mathrm{d}x\mathrm{d}y$ 的几何意义就是曲顶柱体的体积的相反数。 思考：为何当 $f(x, y) \leq 0$ 时 $\iint\limits_D f(x,y)\mathrm{d}x\mathrm{d}y$ 为负呢？ 分析：结合求解曲顶柱体体积来分析。 应用举例 【例1】求二重积分 $\iint\limits_D \sqrt{R^2 - x^2 - y^2}\mathrm{d}x\mathrm{d}y$，$D = \{(x,y) \mid x^2 + y^2 \leq R^2\}$。 解：$z = \sqrt{R^2 - x^2 - y^2}$ 是半球，根据二重积分的几何意义可知， $\iint\limits_D \sqrt{R^2 - x^2 - y^2}\mathrm{d}x\mathrm{d}y = V_{半球} = \dfrac{2}{3}\pi R^3$。	
	7．二重积分的性质（15分钟）	
结合图形解释二重积分的性质。 PPT 展示	性质1：设 α，β 为常数，则 $\iint\limits_D [\alpha f(x,y) + \beta g(x,y)]\mathrm{d}\sigma = \alpha\iint\limits_D f(x,y)\mathrm{d}\sigma + \beta\iint\limits_D g(x,y)\mathrm{d}\sigma$。 性质2：如果闭区域 D 被有限条分段光滑曲线分为有限个部分闭区域，则在 D 上的二重积分等于在各个部分闭区域上的二重积分的和。	

（续上表）

教学环节	教学内容	教学目的
提问1：将 D 分为两个闭区域 D_1 与 D_2，如何表示二重积分？	思考1：将 D 分为两个闭区域 D_1 与 D_2，二重积分 $\iint\limits_{D}f(x,y)\mathrm{d}\sigma$ 应如何表示？ 分析：根据二重积分的几何意义可知： $$\iint\limits_{D}f(x,y)\mathrm{d}\sigma = \iint\limits_{D_1}f(x,y)\mathrm{d}\sigma + \iint\limits_{D_2}f(x,y)\mathrm{d}\sigma。$$ 性质3：如果在 D 上，$f(x,y)=1$，σ 为 D 的面积，则 $\sigma = \iint\limits_{D}1\cdot\mathrm{d}\sigma = \iint\limits_{D}\mathrm{d}\sigma。$	结合图形以及二重积分的几何意义解释二重积分的性质，可以让学生更加直观地理解这些性质，以便为后续学习二重积分的计算打下基础。
提问2：根据几何意义，性质3说明了什么？	思考2：根据几何意义，这个性质说明了什么？ 分析：该性质表明被积函数为1的二重积分在数值上等于积分区域 D 的面积。 性质4：如果在 D 上，$f(x,y)\leqslant\varphi(x,y)$，则有 $$\iint\limits_{D}f(x,y)\mathrm{d}\sigma \leqslant \iint\limits_{D}\varphi(x,y)\mathrm{d}\sigma。$$ 特殊地，由于 $-|f(x,y)|\leqslant f(x,y)\leqslant |f(x,y)|$，又有 $\left|\iint\limits_{D}f(x,y)\mathrm{d}\sigma\right| \leqslant \iint\limits_{D}|f(x,y)|\mathrm{d}\sigma。$ 性质5：设 M 与 m 分别是 $f(x,y)$ 在闭区域 D 上的最大值和最小值，σ 是 D 的面积，则有 $$m\sigma \leqslant \iint\limits_{D}f(x,y)\mathrm{d}\sigma \leqslant M\sigma。$$	通过数形结合的方式讲解二重积分的性质，进一步加深学生对二重积分的几何意义的理解和掌握，同时使学生进一步深刻地体会二重积分的概念以及应用。
提问3：性质5有什么实用意义？	思考3：性质5有什么实用意义？ 分析：用于二重积分的估值。 性质6（二重积分的中值定理）：设函数 $f(x,y)$ 在闭区域 D 上连续，σ 是 D 的面积，则在 D 上至少存在一点 (ξ,η)，使得 $\iint\limits_{D}f(x,y)\mathrm{d}\sigma = f(\xi,\eta)\sigma。$	

（续上表）

教学环节	教学内容	教学目的
	8. 课堂思考（4分钟）	
利用二重积分的几何意义比较二重积分值的大小。 **PPT 展示**	思考练习 　比较下列积分值的大小关系： $$I_1 = \iint\limits_{x^2+y^2 \leq 1} |xy|\,dxdy , \quad I_2 = \iint\limits_{|x|+|y| \leq 1} |xy|\,dxdy ,$$ $$I_3 = \iint\limits_{D} |xy|\,dxdy , 其中 D = \{(x,y) \mid -1 \leq x \leq 1,$$ $-1 \leq y \leq 1\}。$ 思考：这三个二重积分有什么特点？有什么几何意义？ 分析：它们的被积函数相同，积分区域不同。 答案：$I_2 < I_1 < I_3$。	通过一道应用题目加深学生对二重积分几何意义的理解，帮助学生巩固知识、学以致用。
	9. 小结与思考拓展（3分钟）	
小结加深学生对本节课内容的印象，引导学生对下节课要解决的问题进行思考。	小结（2分钟） （1）求解曲顶柱体体积和非匀质平面薄片质量的步骤。 （2）二重积分的概念。 （3）二重积分的几何意义。 （4）二重积分的性质。	培养学生总结梳理知识点的习惯，使其在总结中对整节课形成系统的认识。
	思考拓展（1分钟） （1）二重积分的计算方法是什么？ （2）关于二重积分的发展历史，还有哪些有趣的人和事？ （3）二重积分在现实中还有哪些应用？	根据本节课内容给出一些思考拓展问题，引出下一节课的教学问题。

（三）教学评价

本节课的教学内容是教材第六章多元函数微积分学中的二重积分。本节课的教学重点是二重积分的概念和二重积分的几何意义，以及二重积分的性质；难点是二重积分的概念和性质，以及利用二重积分的几何意义求解二重积分的方法。

本节课从求解曲顶柱体的体积、非匀质平面薄片的质量两个不同的问题入手，通过"利用已知解决未知"的数学思想，采用"分割—近似—求和—取极限"的方法，层层深入地推导，最终用一个未定和式的极限表示出了这两个所求量。虽然这两个问题完全不同，但是我们可以从中抽象概括出相同的本质特征，进而得到二重积分的概念。

从问题的提出到最终的解答，教学设计精心地把设问贯穿始终，通过巧妙的设问不断启发和引导学生积极思考。本节课中的启发式教学可以牢牢抓住学生的注意力，培养学生勇于探索、开拓创新的精神；通过耐心而周密的推导，最终得到满意的结果，由此培养学生逻辑推理的能力以及严谨的逻辑思维。本节课通过启发式提问和问题驱动的教学，取得了比较令人满意的教学效果。

本节课始终采用数形结合的方式进行讲解，让学生能更直观地理解二重积分的概念、几何意义和性质，达到了较好的教学效果。通过无穷小量的无限积累可以得到一个较大的量，这可以启发学生积累的意义，从而达到课程思政的目标。本节教学中讲练结合的方式可以加深学生对新课内容的理解，使其做到学以致用。

（四）板书设计

---

1. 曲顶柱体的体积

（1）分割：将区域 D 分成 n 个小闭区域 $\Delta\sigma_1$，$\Delta\sigma_2$，$\cdots$，$\Delta\sigma_n$

（2）近似：在 $\Delta\sigma_i$ 上任取一点 $(\xi_i，\eta_i)$，$\Delta V_i \approx f(\xi_i，\eta_i)\Delta\sigma_i$ $(i=1，2，\cdots，n)$

（3）求和：$V = \sum\limits_{i=1}^{n}\Delta V_i \approx \sum\limits_{i=1}^{n}f(\xi_i,\eta_i)\Delta\sigma_i$

（4）取极限：$V = \lim\limits_{\lambda\to 0}\sum\limits_{i=1}^{n}f(\xi_i,\eta_i)\Delta\sigma_i$

2. 二重积分的定义

$$\iint\limits_{D}f(x,y)\mathrm{d}\sigma = \lim\limits_{\lambda\to 0}\sum\limits_{i=1}^{n}f(\xi_i,\eta_i)\Delta\sigma_i$$

3. 曲顶柱体体积

$$V = \iint\limits_{D}f(x,y)\mathrm{d}\sigma；非匀质平面薄片质量：M = \iint\limits_{D}\rho(x,y)\mathrm{d}\sigma$$

4. 二重积分的几何意义

5. 二重积分的性质

五、教学反思

（一）教学成效及问题反思

1. 多种教学方法的综合使用提升课堂教学效果

本节课教学灵活使用了启发式提问、问题驱动、讲练结合的课堂教学模式，大大提高了学生的学习积极性和课堂参与度，增进了师生互动，并极大地激发了学生积极思考、发现问题、解决问题的主动性，不仅培养了学生的探究精神，还培养了学生的逻辑思维能力与动手能力。多形式的教学方法大大提升了课堂教学效果。

2. 由于课堂时间限制，对数学史与数学家的介绍较简单

数学已经广泛影响着人类的生活和思想，是形成现代文化的主要力量。数学史从一个侧面反映了人类文明史，是人类文明史重要的组成部分。了解数学史对于学生真正了解数学的价值、认识学习数学的意义都是非常有帮助的。教师在介绍二重积分的历史起源时，由于课堂时间的限制，不能充分展开相关内容，只能作简要介绍，对相关数学史和数学家的介绍不够全面，不能让学生全面充分了解这部分内容。

（二）改进措施

1. 充分借助信息化手段，扩展课堂内容，弥补课堂不足

由于课堂时间有限，教师不能全面充分地介绍二重积分的数学发展历史。教师可以充分借助信息化手段，丰富学习资源，把对于数学史的介绍以及二重积分实际应用的案例延伸到课堂之外，让学生在课堂之外有更丰富的学习资料，拓展学生知识面，培养学生理论联系实际的实践能力和探索精神，使其在探索中获取新知识，充分发挥学生的主体性和积极性，提高其综合素养和应用能力。

2. 在线教学平台增设互动环节，突破师生交流的时空限制

在教学中教师充分利用在线教学平台，增加师生互动环节，为学生学习数学提供了一个更广阔的空间，突破师生互动的时空限制，更全面地了解学生的学习状况，及时调整教学方案和教学策略，取得更加理想的教学效果。

六、课后作业和预习任务

（一）课后作业

（1）课本教材习题 6 - 5：2 （1）、（2）、（3）。

（2）通过智慧树网址 http://t. zhihuishu. com/EwGBE? courseId = 10328967观看本节课教学视频。

（3）思考拓展：

①二重积分的计算方法是什么？

②关于二重积分的发展历史，还有哪些有趣的人和事？

③二重积分在现实中还有哪些应用？

（二）预习任务

（1）预习教材"7.1 行列式"的内容。

（2）通过智慧树网址 http://t. zhihuishu. com/EwGBE？courseId = 10328967观看"行列式"慕课视频。

第八节　大学数学课堂教学设计——可逆矩阵

主题名称：可逆矩阵

课　　时：1 学时

一、学情及内容分析

（一）教学内容分析

1. 教学内容

矩阵是线性代数中的一个重要组成部分，逆矩阵在矩阵理论与应用中占有很重要的地位。逆矩阵在求矩阵的秩、求向量组的极大无关组和秩、求解线性方程组等方面都有广泛的应用。同时，逆矩阵在保密通信、图像处理、人口流动管理等方面也有着重要的应用。本节课将从一个破译通信密码的实例引入课题，分别介绍可逆矩阵的概念、伴随矩阵的概念及其性质、逆矩阵存在的充分必要条件；由逆矩阵存在的充分必要条件总结出判断方阵可逆的方法，并用典型例题巩固这些内容；最后会介绍可逆矩阵的性质及应用。本节课需要学生理解可逆矩阵的概念和性质、伴随矩阵的概念及性质、矩阵可逆的充分必要条件，使学生掌握判断方阵是否可逆的方法以及利用可逆矩阵求解矩阵方程的方法。

2．教学重点

（1）可逆矩阵的概念及性质。

（2）伴随矩阵的概念及性质。

（3）矩阵可逆的充分必要条件。

3．教学难点

（1）可逆矩阵的概念及性质。

（2）伴随矩阵的概念及性质。

（3）利用可逆矩阵求解矩阵方程的方法。

（二）学生情况分析

1．知识方面

学生已经学习了矩阵的概念和矩阵的运算，对矩阵有一定程度的认识。矩阵的运算包括矩阵的加法、矩阵的减法、数乘矩阵和矩阵的乘法。学生常常会有一个疑问：矩阵的运算有没有像数的运算中的除法运算？正是因为学生对于是否存在"矩阵的除法"这个问题感到好奇，通过本节课的学习，他们可以从中找到答案。

2．能力方面

本节课内容包含了丰富的概念、性质与定理，对这些内容的学习都需要巧妙的归纳总结和严谨的逻辑推证，因而需要学生具有较强的归纳总结能力和逻辑推理能力。判断矩阵是否可逆以及利用可逆矩阵求解矩阵方程时，还需要用到行列式的计算和矩阵的运算，因此需要学生具备较强的计算能力。学生通过前期对行列式和矩阵知识的学习，已经具备了一定的计算能力和归纳总结能力，但是逻辑推理能力略有不足。

3．价值观方面

本节课的内容包含较多的概念、性质与定理，因而内容比较抽象，学习难度较大。学生在学习中容易出现倦怠心理和畏难情绪。在教学过程中教师要注意引导学生树立学习信心和建立积极向上的价值观，鼓励学生迎难而上，通过案例教学激发其爱国情怀，激励学生树立为中华民族伟大复兴而发奋图强的信念。

二、教学目标

（一）知识传授目标

1．掌握基本概念、性质、定理和求解方法

本节课需要学生理解可逆矩阵的概念和性质，理解伴随矩阵的概念及性质，理解矩阵可逆的充分必要条件，掌握判断方阵是否可逆的方法，掌握利用可逆矩阵求解矩阵方程的方法。

2．了解与可逆矩阵相关的现代应用，拓展知识积累

逆矩阵在保密通信、图像处理、人口流动管理等方面有着重要的应用，学生通过学习本节课内容可了解与可逆矩阵相关的现代应用，开阔视野，拓展知识积累。

（二）能力培养目标

1．培养学生的归纳总结能力和逻辑推理能力

本节课内容包含了丰富的概念、性质与定理。无论是对概念的学习还是性质的梳理，都需要进行归纳总结。在性质的证明和定理的辨析中则需要严谨的逻辑推证。因此，学生通过对本节课的学习可以提高归纳总结能力和逻辑推理能力。

2．提高学生的复杂计算能力

本节课学习中，判断方阵是否可逆以及利用可逆矩阵求解矩阵方程时，需要进行行列式的计算和矩阵的运算。对这些内容的学习和练习可以提高学生的复杂计算能力。

3．培养学生的数学建模能力和实际应用能力

数学建模中的人口模型、交通模型、生态模型、经济模型等诸多模型的建立和算法的优化都涉及逆矩阵的知识。学生通过学习不仅可以培养数学建模能力，还能培养理论联系实际的应用能力。

（三）价值引领目标

1. 引导学生坚定崇高的理想信念、树立正确的人生观和价值观

本节课内容从一段爱国主义题材的影视作品《永不消逝的电波》片段引入，影片里的主人公用电波作为画笔书写生命与青春，为了崇高信念和革命事业，舍己忘我，无私奉献。这段视频向学生传达了积极正面的价值观，引导学生坚定崇高的理想信念。

2. 培养学生求真务实的实践精神，激发学生科技报国的坚定决心

在教学中，教师将可逆矩阵与密码学应用相结合，引导学生用理论知识解决实际问题，培养学生理论联系实际、学以致用的实践精神；结合目前中国面临的"卡脖子"现状，以著名密码学家的人生经历为素材，激发学生科技报国的决心，使学生树立为中华民族伟大复兴而发奋图强的人生目标。

（四）过程与方法目标

1. 影像教学资源与案例教学相结合，创设教学情境，融入思政元素

本节课教学以一段爱国主义题材的视频引入内容，不仅为教学过程创设了教学情境，还将爱国主义的思政元素融入课堂内容，同时也让学生从实例中了解可逆矩阵在通信密码技术中的应用。

2. PPT 动画内容与互动教学相结合，直观展现运算过程，激发学习热情

本节课教学过程中，为了更形象直观地展现矩阵运算和行列式计算的过程，教师在 PPT 中设计了生动的动画内容。用动画展现矩阵运算和行列式计算，可以帮助学生更好地理解性质及定理的推导过程，同时让学生进一步掌握矩阵和行列式的计算方法。在此过程中教师根据学生的实时表现和课堂动态反馈，进行环环相扣的启发式提问与引导，让学生活跃地参与教学过程，激发学生的学习热情，提升教学效果。

3. 讲练结合，促使学生理解知识和应用知识

在本节课逆矩阵的性质证明中，部分性质的证明由教师讲解，部分性质的证明由学生思考完成。让学生尝试证明逆矩阵的性质，可以加深其对性质的理解与掌握，同时也达到应用知识的目的。

三、教学方法与手段

（一）教学方法

1. 案例教学融入思政元素，创设课程教学情境，传达正面价值观

本节课教学以爱国主义题材电视剧《永不消逝的电波》中解密电文的片段引入内容，由此介绍逆矩阵在通信加密中的应用案例。此案例不仅创设了教学情境，激发了学生的学习兴趣，还向学生传达了坚定信念、舍己忘我、无私奉献的正面价值观。

2. 运用"问题驱动课堂"的教学方式，提升课堂教学效果

本节课的教学内容从如何解密一个文件的案例入手，利用问题驱动的方式引导学生类比数的除法与倒数的关系，得到逆矩阵的定义。在问题驱动教学的方式下，学生更加积极地思考问题、更加主动地参与到教学中。这使得课堂教学效率和学生的学习积极性有所提高。

3. 启发式教学，引导学生思考，激发学生学习主动性

在本节课教学过程中，随着教学内容的不断推进，教师设置多个提问环节，用以启发学生思考，其目的是让学生积极参与到教学过程中，充分体现"学生为主体，教师为主导"的"生本"教学理念，鼓励学生积极思考，提高学生的学习主动性。

（二）教学手段

1. 传统的"黑板＋粉笔"的板书

教师在讲授本节课的主要知识和重点知识时配合板书，可以引起学生的注意，达到突出重点的目的。

2. 多媒体教学

PPT播放案例视频内容，激发学生求知欲；PPT动画给学生展示矩阵

运算和行列式计算的教学内容，生动直观的动画内容不但详细展现了运算过程，还吸引了学生的注意力，提升学生的学习效果。

3. 将数学绘图软件应用到教学中

为了更好地展示动画效果，教师把数学绘图软件应用到对教学资源的准备中，以丰富课程内容，提高教学资源的质量。

四、教学过程

（一）教学框架（见表 5 - 15）

表 5 - 15　可逆矩阵的教学框架

时间	教学内容要点
2 分钟	1. 背景介绍及案例引入
3 分钟	2. 可逆矩阵的概念
5 分钟	3. 伴随矩阵的概念及性质
5 分钟	4. 逆矩阵存在的充分必要条件
6 分钟	5. 典型例题
5 分钟	6. 小组讨论
10 分钟	7. 可逆矩阵的性质
3 分钟	8. 课堂思考
3 分钟	9. 例题巩固
3 分钟	10. 小结与思考拓展

（二）教学过程（见表 5 – 16）

表 5 – 16　可逆矩阵的教学过程

教学环节	教学内容	教学目的
	1. 背景介绍及案例引入（2分钟）	
利用解密电文的案例，创设教学情境，切入新课内容。 PPT展示 提问：如何消去 A 得到明文矩阵 X 呢？	背景介绍 　　矩阵是线性代数中的一个重要组成部分，逆矩阵在矩阵理论与应用中占有很重要的地位。逆矩阵在求矩阵的秩、求向量组的极大无关组和秩、求解线性方程组等方面都有广泛的应用。同时，逆矩阵在保密通信、图像处理、人口流动管理等方面也有着重要的应用。 案例引入 　　播放电视剧《永不消逝的电波》中解密电文的一个片段。播放完毕后教师讲解：发送电文时，为了保密，通常会对电文进行加密。视频中的电文是用唐诗加密的，当接收方接收到加密的电文后需要对其进行解密，才能了解电文的真正意思。其实加密的方法有很多种，比如下面这个通信密码问题： 　　某阵地指挥员收到一封密信，它是一个密文矩阵 B，事先约定用加密矩阵 A 与明文矩阵 X 的乘积对发送消息实施加密，即 $AX=B$。 分析：如果能消去 A 则能得到明文矩阵 X。 思考：如何消去 A 得到明文矩阵 X 呢？ 分析：方程 $ax=b$，如果 $a\neq0$，方程两边同时除以 a，得到 $x=\dfrac{b}{a}=b\times a^{-1}$，可见，除法可以用倒数来实现。一般地，$ab=ba=1$，则 a，b 互为倒数。在矩阵中单位矩阵 E 相当于数字中的"1"，因此把结论推广到矩阵为 $AB=BA=E$，由此得到逆矩阵概念。	介绍逆矩阵的现实应用，让学生产生学习兴趣。用一段爱国主义题材影视片段引入课程内容，不仅可以激发学生的求知欲，还能唤起学生的爱国情感。

（续上表）

教学环节	教学内容	教学目的
2. 可逆矩阵的概念（3 分钟）		
类比归纳，形成概念。 <u>PPT 加板书</u>	定义：设 A 为 n 阶方阵，如果存在 n 阶方阵 B，使得 $AB = BA = E$，则称 A 为可逆矩阵，B 为 A 的逆矩阵，记作 $B = A^{-1}$。 例如：$\begin{pmatrix} 1 & 2 \\ 1 & 3 \end{pmatrix}\begin{pmatrix} 3 & -2 \\ -1 & 1 \end{pmatrix} = \begin{pmatrix} 3 & -2 \\ -1 & 1 \end{pmatrix}\begin{pmatrix} 1 & 2 \\ 1 & 3 \end{pmatrix}$ $\qquad\qquad = \begin{pmatrix} 1 & 0 \\ 0 & 1 \end{pmatrix}$。 所以 $\begin{pmatrix} 1 & 2 \\ 1 & 3 \end{pmatrix}^{-1} = \begin{pmatrix} 3 & -2 \\ -1 & 1 \end{pmatrix}$，并且 $\begin{pmatrix} 3 & -2 \\ -1 & 1 \end{pmatrix}^{-1} = \begin{pmatrix} 1 & 2 \\ 1 & 3 \end{pmatrix}$。 注意：由定义可知，逆矩阵一定是方阵，其逆矩阵为同阶方阵；$AB = BA = I$ 表明可逆时 A 与 B 的地位是对称的，若 B 为 A 的逆矩阵，则 A 为 B 的逆矩阵。	根据引例内容以及倒数的定义，类比归纳得出逆矩阵的概念，培养学生类比探究的习惯。
3. 伴随矩阵的概念及性质（5 分钟）		
<u>PPT 加板书</u> <u>提问</u>：请大家观察组成伴随矩阵的元素是什么，这些元素的排列有什么特点？	伴随矩阵的概念 定义：对任意 n 阶方阵 $A = (a_{ij})$，由 $|A|$ 中每个元素的代数余子式 A_{ij} 所构成的如下方阵称为矩阵的伴随矩阵，记为 A^*。 $\begin{pmatrix} A_{11} & A_{21} & \cdots & A_{n1} \\ A_{12} & A_{22} & \cdots & A_{n2} \\ \vdots & \vdots & & \vdots \\ A_{1n} & A_{2n} & \cdots & A_{nn} \end{pmatrix}$ 思考：请大家观察组成伴随矩阵 A^* 的元素是什么，这些元素的排列有什么特点？	伴随矩阵是一个重要的矩阵，它可以帮助求解可逆矩阵的逆矩阵。在此特别提醒学生注意构成伴随矩阵的元素以及它们的排列特点，让学生更好地识记新内容。

（续上表）

教学环节	教学内容	教学目的
PPT 加板书 动画展示证明过程 教师要求：请同学们课后尝试证明推论。	分析：伴随矩阵 A^* 的元素是行列式 $\|A\|$ 的元素 a_{ij} 的代数余子式，并且 $\|A\|$ 中每行元素的代数余子式依次按列排列而得到。 伴随矩阵的性质 性质：设 A 是 n 阶方阵，A^* 为其伴随矩阵，则有 $AA^* = A^*A = \|A\|E$。 证明：以 $AA^* = \|A\|E$ 为例证明， $$AA^* = \begin{pmatrix} a_{11} & a_{12} & \cdots & a_{1n} \\ a_{21} & a_{22} & \cdots & a_{2n} \\ \vdots & \vdots & & \vdots \\ a_{n1} & a_{n2} & \cdots & a_{nn} \end{pmatrix} \begin{pmatrix} A_{11} & A_{21} & \cdots & A_{n1} \\ A_{12} & A_{22} & \cdots & A_{n2} \\ \vdots & \vdots & & \vdots \\ A_{1n} & A_{2n} & \cdots & A_{nn} \end{pmatrix}$$ $$= \begin{pmatrix} \|A\| & 0 & \cdots & 0 \\ 0 & \|A\| & \cdots & 0 \\ \vdots & \vdots & & \vdots \\ 0 & 0 & \cdots & \|A\| \end{pmatrix} = \|A\|E \text{。}$$ 另一个可用类似方法证明。 推论：如果 A 是 n 阶方阵，则 $\|A^*\| = \|A\|^{n-1}$。 教师要求：该推论请同学们课后自行证明。	用动画展示证明过程，能让学生更加直观地看到运算的详细步骤，有助于学生理解。
4. 逆矩阵存在的充分必要条件（5分钟）		
定理形成，内容深入。 PPT 加板书 提问：从这个充要条件可以总结出哪些方法？	定理：方阵 A 可逆的充分必要条件是 $\|A\| \neq 0$，并且 $A^{-1} = \dfrac{1}{\|A\|}A^*$。 证明： "必要性"：如果 A 可逆，则 $\|AA^{-1}\| = \|A\| \cdot \|A^{-1}\| = \|E\| = 1$，则 $\|A\| \neq 0$。 "充分性"：$AA^* = A^*A = \|A\|E$，当 $\|A\| \neq 0$ 时，$A\left(\dfrac{1}{\|A\|}A^*\right) = \left(\dfrac{1}{\|A\|}A^*\right)A = E$，按逆矩阵的定义，可知 A 可逆，且 $A^{-1} = \dfrac{1}{\|A\|}A^*$。 思考：从这个充要条件可以总结出哪些方法？ 分析：从这个定理可以得到一种判断矩阵是否可逆的方法，以及一种在矩阵可逆的情况下求解逆矩阵的方法。	通过定理加深学生对逆矩阵的认识。定理的证明可以让学生对伴随矩阵的性质有更深刻的理解，同时培养学生的逻辑推理能力。

（续上表）

教学环节	教学内容	教学目的
	5. 典型例题（6分钟）	
典型例题，巩固新知。 __PPT 展示__ 提问1：如何判断一个矩阵是否可逆？ 提问2：在矩阵可逆的情况下，怎么求其逆矩阵？ 教师小结：可以通过计算方阵 A 的行列式是否为零，来判断 A 是否可逆。另外，可以借助行列式和伴随矩阵来求逆矩阵。	【例1】判断下面的矩阵是否可逆，如果可逆，则求出其逆矩阵。 （1）$A = \begin{pmatrix} -1 & 1 & 3 \\ 3 & -1 & -2 \\ 2 & -1 & -3 \end{pmatrix}$ （2）$B = \begin{pmatrix} 1 & 2 & 0 & 0 \\ -1 & -2 & 1 & 3 \\ 0 & 0 & 2 & 4 \\ 3 & 6 & 1 & 2 \end{pmatrix}$ 思考1：如何判断一个矩阵是否可逆？ 分析：根据逆矩阵存在的充分必要条件，如果矩阵的行列式不为零，则矩阵可逆，否则不可逆。 思考2：当矩阵可逆的情况下，怎么求其逆矩阵？ 分析：当 A 可逆，且 $A^{-1} = \dfrac{1}{|A|}A^*$。 解：（1）因为 $\|A\| = \begin{vmatrix} -1 & 1 & 3 \\ 3 & -1 & -2 \\ 2 & -1 & -3 \end{vmatrix} =$ $\begin{vmatrix} -1 & 1 & 3 \\ 2 & 0 & 1 \\ 1 & 0 & 0 \end{vmatrix} = \begin{vmatrix} 1 & 3 \\ 0 & 1 \end{vmatrix} = 1 \neq 0$，所以矩阵 A 可逆。 $A_{11} = \begin{vmatrix} -1 & -2 \\ -1 & -3 \end{vmatrix} = 1$，$A_{12} = -\begin{vmatrix} 3 & -2 \\ 2 & -3 \end{vmatrix} = 5$， $A_{13} = \begin{vmatrix} 3 & -1 \\ 2 & -1 \end{vmatrix} = -1$，$A_{21} = -\begin{vmatrix} 1 & 3 \\ -1 & -3 \end{vmatrix} = 0$， $A_{22} = \begin{vmatrix} -1 & 3 \\ 2 & -3 \end{vmatrix} = -3$，$A_{23} = -\begin{vmatrix} -1 & 1 \\ 2 & -1 \end{vmatrix} = 1$， $A_{31} = \begin{vmatrix} 1 & 3 \\ -1 & -2 \end{vmatrix} = 1$，$A_{32} = -\begin{vmatrix} -1 & 3 \\ 3 & -2 \end{vmatrix} = -7$， $A_{33} = \begin{vmatrix} -1 & 1 \\ 3 & -1 \end{vmatrix} = -2$， 所以 $A^* = \begin{pmatrix} 1 & 0 & 1 \\ 5 & -3 & -7 \\ -1 & 1 & -2 \end{pmatrix}$， $A^{-1} = \begin{pmatrix} 1 & 0 & 1 \\ 5 & -3 & -7 \\ -1 & 1 & -2 \end{pmatrix}$。	通过典型例题巩固学生对逆矩阵存在的充分必要条件的理解，同时帮助学生掌握判断矩阵是否可逆的方法，以及在可逆的情况下利用伴随矩阵求得逆矩阵的方法。 讲解利用逆矩阵求解线性方程组的题目，让学生体会逆矩阵在线性代数中的不同应用。

（续上表）

教学环节	教学内容	教学目的
PPT 加板书	（2）因为 $\lvert \boldsymbol{B} \rvert = \begin{vmatrix} 1 & 2 & 0 & 0 \\ -1 & -2 & 1 & 3 \\ 0 & 0 & 2 & 4 \\ 3 & 6 & 1 & 2 \end{vmatrix}$ $= \begin{vmatrix} 1 & 2 & 0 & 0 \\ -1 & -2 & 1 & 3 \\ 0 & 0 & 2 & 4 \\ 0 & 0 & 1 & 2 \end{vmatrix} = 0,$ 所以矩阵 $\boldsymbol{B}$ 不可逆。 小结：要判断矩阵 $\boldsymbol{A}$ 是否可逆，可以计算矩阵 $\boldsymbol{A}$ 的行列式，如果矩阵 $\boldsymbol{A}$ 的行列式不为零，则 $\boldsymbol{A}$ 可逆，否则不可逆。在矩阵 $\boldsymbol{A}$ 可逆的情况下，可以借助行列式与伴随矩阵来求逆矩阵。 通信密码问题：$\boldsymbol{AX} = \boldsymbol{B}$，其中 $\boldsymbol{A} = \begin{pmatrix} 1 & 2 & 3 \\ 2 & 2 & 5 \\ 3 & 5 & 1 \end{pmatrix}$， $\boldsymbol{B} = \begin{pmatrix} 1 \\ 2 \\ 3 \end{pmatrix}$。 教师提示：根据前面的分析，要在 $\boldsymbol{AX} = \boldsymbol{B}$ 中破译出 $\boldsymbol{X}$，就需要求解这个矩阵方程。	给出一种求解线性方程组的新思路和新方法，让学生体会如何灵活运用所学知识、如何用不同的方案解决问题，以此培养学生深入思考、勇于探索、开拓创新的精神。
提问3：如何用逆矩阵求解矩阵方程呢？ 提问4：在矩阵可逆的情况下，怎么求其逆矩阵？	思考3：如何用逆矩阵求解矩阵方程 $\boldsymbol{AX} = \boldsymbol{B}$ 呢？ 分析：如果矩阵 $\boldsymbol{A}$ 可逆，则在方程两边同时左乘 $\boldsymbol{A}^{-1}$，则有 $\boldsymbol{A}^{-1}(\boldsymbol{AX}) = \boldsymbol{A}^{-1}\boldsymbol{B}$，那么 $(\boldsymbol{A}^{-1}\boldsymbol{A})\,\boldsymbol{X} = \boldsymbol{EX} = \boldsymbol{X} = \boldsymbol{A}^{-1}\boldsymbol{B}$。 思考4：在矩阵 $\boldsymbol{A}$ 可逆的情况下怎么求出其逆矩阵呢？ 分析：可以利用定理的结论：$\boldsymbol{A}^{-1} = \dfrac{1}{\lvert \boldsymbol{A} \rvert}\boldsymbol{A}^{*}$。 思考5：方程两边可以右乘 $\boldsymbol{A}^{-1}$ 吗？为什么？ 分析：因为矩阵的乘法不满足交换律，所以不能右乘 $\boldsymbol{A}^{-1}$。	

（续上表）

教学环节	教学内容	教学目的
提问5：方程两边可以右乘 A^{-1} 吗？为什么？	解：将方程组改写为矩阵形式，得 $$\begin{pmatrix} 1 & 2 & 3 \\ 2 & 2 & 5 \\ 3 & 5 & 1 \end{pmatrix}\begin{pmatrix} x_1 \\ x_2 \\ x_3 \end{pmatrix} = \begin{pmatrix} 1 \\ 2 \\ 3 \end{pmatrix}。$$ 因为 $\begin{vmatrix} 1 & 2 & 3 \\ 2 & 2 & 5 \\ 3 & 5 & 1 \end{vmatrix} = 15 \neq 0$，所以系数矩阵 A 可逆，因而有 $$\begin{pmatrix} x_1 \\ x_2 \\ x_3 \end{pmatrix} = \begin{pmatrix} 1 & 2 & 3 \\ 2 & 2 & 5 \\ 3 & 5 & 1 \end{pmatrix}^{-1}\begin{pmatrix} 1 \\ 2 \\ 3 \end{pmatrix} =$$ $$\frac{1}{15}\begin{pmatrix} -23 & 13 & 4 \\ 13 & -8 & 1 \\ 4 & 1 & -2 \end{pmatrix}\begin{pmatrix} 1 \\ 2 \\ 3 \end{pmatrix} = \begin{pmatrix} 1 \\ 0 \\ 0 \end{pmatrix}。$$	
6. 小组讨论（5分钟）		
小组讨论，探索求解，寻找方法，避免错误。 PPT展示 提问：如何"消去" X 左右两边的矩阵？	讨论题：求解矩阵方程 $$\begin{pmatrix} 1 & 4 \\ -1 & 2 \end{pmatrix}X\begin{pmatrix} 2 & 0 \\ -1 & 1 \end{pmatrix} = \begin{pmatrix} 3 & 1 \\ 0 & -1 \end{pmatrix}。$$ 教师提示：要求解得 X，需要"消去" X 左右两边的矩阵，那么如何"消去"这两个矩阵呢？ 解：记原方程为 $AXB = C$，因为 $$|A| = \begin{vmatrix} 1 & 4 \\ -1 & 2 \end{vmatrix} = 6 \neq 0, \quad |B| = \begin{vmatrix} 2 & 0 \\ -1 & 1 \end{vmatrix} = 2 \neq 0,$$ 所以矩阵 A、B 都可逆。 在原方程两边同时左乘 A^{-1}，右乘 B^{-1}，得 $X = A^{-1}CB^{-1}$ $$= \frac{1}{6}\begin{pmatrix} 2 & -4 \\ 1 & 1 \end{pmatrix}\begin{pmatrix} 3 & 1 \\ 0 & -1 \end{pmatrix}\frac{1}{2}\begin{pmatrix} 1 & 0 \\ 1 & 2 \end{pmatrix} = \begin{pmatrix} 1 & 1 \\ \frac{1}{4} & 0 \end{pmatrix}。$$ 教师强调：利用逆矩阵求解矩阵方程时，一定要注意是"左乘"或者"右乘"，避免出错。	本教学环节的设计意在让学生掌握例2的方法。

（续上表）

教学环节	教学内容	教学目的
	7. 可逆矩阵的性质（10分钟）	
性质讲解与证明，深化知识，完善知识体系。 PPT加板书 提问：性质2应该如何证明？请同学们课后思考，并完成证明。	性质1：如果矩阵 A 可逆，且 $AB=E$，则 $BA=E$。 证明：$BA=E(BA)=(A^{-1}A)(BA)=A^{-1}(AB)A$ $=A^{-1}(EA)=A^{-1}A=E$。 小结：该性质表明 $AB=E$ 与 $BA=E$ 是等价的，因此 $AB=E$ 或 $BA=E$，则 A 与 B 是可逆的，它们互为逆矩阵。该性质可以简化逆矩阵的定义。 性质2：如果矩阵 A 可逆，则 A^{T}、λA（λ 为任一非零常数）和 A^{-1} 都可逆，且 $(A^{T})^{-1}=(A^{-1})^{T}$，$(\lambda A)^{-1}=\dfrac{1}{\lambda}A^{-1}$，$(A^{-1})^{-1}=A$。 教师要求：学生尝试自行证明性质2。 性质3：如果 n 阶矩阵 A，B 都可逆，则 AB 也可逆，并且 $(AB)^{-1}=B^{-1}A^{-1}$。 证明：由 $(AB)(B^{-1}A^{-1})=A(BB^{-1})A^{-1}=AIA^{-1}=AA^{-1}=I$，$(B^{-1}A^{-1})(AB)=B^{-1}(A^{-1}B)B=B^{-1}IB=B^{-1}B=I$，因此由逆矩阵定义知 AB 可逆，且 $(AB)^{-1}=B^{-1}A^{-1}$。 小结：逆矩阵是矩阵理论中的一类重要矩阵，在矩阵乘法中，可以利用逆矩阵的性质 $AA^{-1}=A^{-1}A=I$ 来简化乘法运算。	通过教师讲解性质证明与学生自行思考求证相结合的方式，培养学生的探索能力、逻辑推理能力和严密的思维能力。
	8. 课堂思考（3分钟）	
思考问题，内化知识。	思考题：性质3的结论能否改为 $(AB)^{-1}=A^{-1}B^{-1}$？为什么？ 解答：不能，因为矩阵的乘法不满足交换律，不能判断 $(AB)(A^{-1}B^{-1})$ 的结果。	学生通过思考问题，加深对性质的理解和体会。

（续上表）

教学环节	教学内容	教学目的
9. 例题巩固（3分钟）		
典型例题巩固知识。 _PPT 展示_ 提 问：如何化简所求行列式符号里的表达式？	【例2】设三阶矩阵 A 的伴随矩阵为 A^*，且 $\lvert A \rvert = \dfrac{1}{2}$，求 $\lvert (3A)^{-1} - 2A^* \rvert$。 思考：要求该行列式的值，应该先化简行列式符号里的表达式，如何化简？ 分析：可以综合利用逆矩阵的性质，以及逆矩阵存在的充分必要条件来化简。 解：$\lvert (3A)^{-1} - 2A^* \rvert = \left\lvert \dfrac{1}{3} A^{-1} - 2A^* \right\rvert$ $= \left\lvert \dfrac{1}{3} \dfrac{A^*}{\lvert A \rvert} - 2A^* \right\rvert = \left\lvert \dfrac{2}{3} A^* - 2A^* \right\rvert$ $= \left\lvert \left(-\dfrac{4}{3}\right) A^* \right\rvert = \left(-\dfrac{4}{3}\right)^3 \lvert A^* \rvert$ $= -\dfrac{64}{27} \times \left(\dfrac{1}{2}\right)^2 = -\dfrac{16}{27}$。	讲解该题目能使学生综合运用在本节课程学习到的性质、定理等内容，引导学生融会贯通，使学生能够灵活运用知识并举一反三。
10. 小结与思考拓展（3分钟）		
培养学生总结梳理知识的习惯，使其在总结中对整节课形成系统的认识。	小结（2分钟） (1) 可逆矩阵的概念和性质。 (2) 伴随矩阵的概念和性质。 (3) 逆矩阵存在的充分必要条件。	培养学生总结梳理的习惯，使其在总结中对整节课形成系统的认识。
	思考拓展（1分钟） (1) 请同学们课后证明：如果 A 是 n 阶矩阵，则 $\lvert A^* \rvert = \lvert A \rvert^{n-1}$。 (2) 还有其他方法可以求出可逆矩阵的逆矩阵吗？	根据本节课内容思考。

（三）教学评价

本节课的教学内容是教材第七章行列式与矩阵中第二节的内容，要求学生理解可逆矩阵的概念和性质、伴随矩阵的概念及性质、矩阵可逆的充分必要条件，掌握判断方阵是否可逆的方法、利用可逆矩阵求解矩阵方程的方法。

本节课内容从一段爱国主义题材的影视作品《永不消逝的电波》片段引入，影片里的主人公用电波为画笔书写生命与青春，为了崇高信念和革命事业舍己忘我、无私奉献。这段视频不仅为教学过程创设了教学情境，还将爱国主义的思政元素融入课堂，引导学生坚定崇高的理想信念、树立正面的价值观。随后教师引入一个通信密码的实例，让学生了解逆矩阵在密码学中的应用，开阔了学生的视野，使其了解了学科的前沿应用与发展。

通过类比研究、抽象归纳的方法，由倒数的概念类比推广到逆矩阵的概念，培养学生类比研究的能力与开拓创新的精神。教学过程中教师根据教学内容巧妙设置问题，引导学生积极思考，这样的启发式教学可以牢牢抓住学生的注意力，激发学生的课堂积极性，培养学生主动学习的习惯与能力。本节课的概念和定理较多，讲练结合的教学方式可以帮助学生学以致用、深化理解。本节课采用启发式教学和讲练结合的教学方式，取得了比较令人满意的教学效果。

（四）板书设计

1. 定义：设为 n 阶矩阵 A、B，若 $AB = BA = E$，则称 A 为可逆矩阵，B 为 A 的逆矩阵，记作 $B = A^{-1}$

2. 伴随矩阵 $A = \begin{pmatrix} A_{11} & A_{21} & \cdots & A_{n1} \\ A_{12} & A_{22} & \cdots & A_{n2} \\ \vdots & \vdots & & \vdots \\ A_{1n} & A_{2n} & \cdots & A_{nn} \end{pmatrix}$ 性质：$AA^* = A^*A = |A|E$

3. 矩阵 A 可逆 $\Leftrightarrow |A| \neq 0$，并且 $A^{-1} = \dfrac{1}{|A|}A^*$

4. 性质 1：如果矩阵 A 可逆，且 $AB = E$，则 $BA = E$

性质 2：如果矩阵 A 可逆，$(A^T)^{-1} = (A^{-1})^T$，$(\lambda A)^{-1} = \dfrac{1}{\lambda} A^{-1}$，$(A^{-1})^{-1} = A$

性质 3：如果 n 阶矩阵 A 与 B 都可逆，则 AB 也可逆，并且 $(AB)^{-1} = B^{-1} A^{-1}$

五、教学反思

（一）教学成效及问题反思

1. 多种教学方法的综合使用提升课堂教学效果

本节课教学灵活使用了启发式提问、课堂讨论、讲练结合等多种课堂教学形式和教学方法，大大提高了学生的学习积极性和课堂参与度，增进了师生互动，并极大地激发了学生积极思考、发现问题、解决问题的主动性，不仅培养了学生的探究精神，还培养了学生的逻辑思维能力与动手能力。在今后的教学过程中教师要灵活运用多种形式的教学方法，以期大大提升课堂教学效果。

2. 以爱国主义影视片段开启课程，课程思政引领正面价值

以一段爱国主义题材的影视作品《永不消逝的电波》片段引入新课，不仅为教学过程创设了教学情境，吸引了学生的注意力，激发其学习热情，还将爱国主义的思政元素融入课堂，通过影片内容向学生传递正确的价值观和爱国情怀，达到了课程思政的教学目标。由此可见，以后教师要在教学内容中充分挖掘思政元素，并将二者有机融合。

3. 由于课堂时间限制，逆矩阵应用介绍较简略

数学已经广泛应用在自然科学与社会科学的诸多领域，是形成现代科技发展的主要力量，了解数学在现代社会中的应用有利于学生更加深刻认识学习数学的意义。在介绍逆矩阵的背景知识时，由于课堂时间的限制，教师只是简要介绍了逆矩阵的一些应用，不能充分展开相关内容，不能让学生全面充分了解这部分内容。

（二）改进措施

1. 线上线下相结合，弥补课堂不足，提升教学效率与质量

由于课堂时间有限而不能全面充分地介绍逆矩阵在多领域的应用，教师可以把关于逆矩阵现代应用的内容延伸到课堂之外，充分利用在线教学平台，让学生在课外查阅资料，了解逆矩阵的现代应用，拓展知识面，提高综合素养。线上教学渠道可以丰富师生交流的机会，促进师生互动，提升教学效率和教学质量。

2. 丰富教学设计，增设课后任务环节，促使学生知行合一

为了在教学设计中丰富教学案例，教师可结合数学建模、大学生创新创业项目等任务驱动的课后实践环节，为学生学习数学提供一个更广阔的实践与应用空间，培养学生理论联系实际的实践能力和探索精神，使其在完成任务的过程中获取新经验和新知识，让学生充分发挥主体性和积极性。

六、课后作业和预习任务

（一）课后作业

（1）课本教材习题 7 - 2：2、4、8、9。

（2）通过智慧树网址 http：//t. zhihuishu. com/EwGBE？courseId ＝ 10328967观看本节课教学视频。

（3）查阅资料，了解逆矩阵在各领域中的应用。

（二）预习任务

（1）预习教材"7. 2 矩阵的秩"的内容。

（2）通过智慧树网址 http：//t. zhihuishu. com/EwGBE？courseId ＝ 10328967观看"矩阵的秩"慕课视频。

参考文献

［1］徐利治. 20 世纪至 21 世纪数学发展趋势的回顾及展望（提纲）［J］. 数学教育学报，2000（1）.

［2］张育梅. 数学美学方法［J］. 中国科教创新导刊，2012（29）.

［3］中华人民共和国教育部. 普通高中数学课程标准［M］. 北京：人民教育出版社，2017.

［4］凌晓青，陈丽鸿. 高校推进课程思政的必要性及价值体现［J］. 西部学刊，2019（19）.

［5］余江涛，王文起，徐晏清. 专业教师实践"课程思政"的逻辑及其要领——以理工科课程为例［J］. 学校党建与思想教育，2018（1）.

［6］曹静，孙良媛，房少梅. "互联网＋"时代大学数学课堂教学创新设计［J］. 教育评论，2018（6）.

［7］习近平. 把思想政治工作贯穿教育教学全过程　开创我国高等教育事业发展新局面［N］. 人民日报，2016-12-09（2）.

［8］中共教育部党组关于印发《高校思想政治工作质量提升工程实施纲要》的通知［EB/OL］.（2017-12-06）. http://www. moe. edu. cn/srcsite/A12/s7060/201712/t20171206_320698. html.

［9］中国矿业大学. 转发：教育部高等教育司关于印发《教育部高等教育司 2020 年工作要点》的通知［EB/OL］.（2020-02-20）. http://jwb. cumt. edu. cn/info/1105/4282. htm.

［10］中央深改委审议通过《深化新时代教育评价改革总体方案》［EB/OL］.（2020-07-01）. https://www. eol. cn/news/yaowen/202007/t20200701_1736125. shtml.

［11］雷新勇. 关于教育评价改革的若干思考［J］. 中国考试，2020（9）.

［12］朱成城. 中部地区教育发展的文化背景和历史渊源［J］. 武汉工程大学学报，2007（6）.

［13］高贵和. 论当代中国思想道德教育对先秦儒家道德教育的借鉴
　　　［D］. 合肥：安徽大学，2010.

［14］宋冬梅. 从《论语》看孔子"仁"的内涵及价值［J］. 济宁学院学
　　　报，2017（6）.

［15］陈华栋，等. 课程思政：从理念到实践［M］. 上海：上海交通大学
　　　出版社，2020.

［16］翁频. 魏晋玄学与河洛文化：一个文化史的视角［J］. 洛阳理工学
　　　院学报（社会科学版），2010，25（1）.

［17］宋雅倩. 唐代科举制下的学校教育研究及其反思［D］. 西安：陕西
　　　师范大学，2018.

［18］朱海. 唐玄宗《御注孝经》发微［J］. 魏晋南北朝隋唐史资料，
　　　2002（19）.

［19］任宝海，任宝玲. 借鉴宋代道德教育得失　提高德育教育的实效性
　　　［J］. 教育教学论坛，2013（22）.

［20］常瑞琴. 宋代书院德育举措及启示［J］. 中国校外教育，2017（9）.

［21］徐春霞. 试论宋代的书院管理制度［J］. 兰台世界，2013（5）.

［22］王修文. 解读中国古代书院德育环境及对当代高校德育的启示［J］.
　　　延安职业技术学院学报，2018，32（3）.

［23］范艳敏. 应天府书院研究［D］. 开封：河南大学，2013.

［24］宋卓，王冬艳. 王夫之教育教学思想探微［J］. 黑龙江教育学院学
　　　报，2017（9）.

［25］吴兴怀. 王阳明"知行合一"思想研究［D］. 济南：山东师范大
　　　学，2010.

［26］唐浩. 浅论黄宗羲经世致用的政治思想［D］. 太原：山西大
　　　学，2013.

［27］李伯重. 八股之外：明清江南的教育及其对经济的影响［J］. 清史
　　　研究，2004（1）.

［28］曾成栋. 论蔡元培之"五育"教育观［D］. 长沙：湖南师范大
　　　学，2015.

［29］吴洪成，樊凯. 简论民国初年教育宗旨的嬗变——由"五育并举"
　　　到"四育并提"［J］. 河北师范大学学报（教育科学版），2011，
　　　13（9）.

[30] 刘幸幸. 蔡元培德育思想对当代中国德育的启示 [J]. 理论观察，2016（4）.

[31] 肖朗，田海洋. 近代西方道德教育理论的传播与民国德育观念的变革 [J]. 社会科学战线，2011（7）.

[32] 黄克利. 论民国高校的训育制度 [J]. 大学教育，2014（1）.

[33] 艾菁. 民国高校导师制实践及其失败探究 [J]. 江苏科技大学学报（社会科学版），2018，18（4）.

[34] 李文林. 数学史概论 [M]. 3 版. 北京：高等教育出版社，2011.

[35] 杜石然，孔国平. 世界数学史 [M]. 长春：吉林教育出版社，1996.

[36] 弗赖登塔尔. 数学教育再探——在中国的讲学 [M]. 刘意竹，杨刚，等，译. 上海：上海教育出版社，1999.

[37] 毛锡荣，钱军先. 数学思考：内涵理解与实践探索 [J]. 中学数学月刊，2014（10）.

[38] 朱德全. 数学问题解决的表征及元认知开发 [J]. 教育研究，1997，18（3）.

[39] 孔凡哲，史宁中. 中国学生发展的数学核心素养概念界定及养成途径 [J]. 教育科学研究，2017（6）.

[40] 莱斯利·P·斯特弗，杰里·盖尔. 教育中的建构主义 [M]. 高文，等，译. 上海：华东师范大学出版社，2002.

[41] 温彭年，贾国英. 建构主义理论与教学改革——建构主义学习理论综述 [J]. 教育理论与实践，2002，22（5）.

[42] 杨兵. 高等数学教学中的素质培养 [J]. 高等理科教育，2001（5）.

[43] 徐利治. 关于高等数学教育与教学改革的看法及建议 [J]. 数学教育学报，2000，9（2）.

[44] 习近平. 习近平谈治国理政（第二卷）[M]. 北京：外文出版社，2017.

[45] 高德毅，宗爱东. 课程思政：有效发挥课堂育人主渠道作用的必然选择 [J]. 思想理论教育导刊，2017（1）.

[46] 张焕庭. 西方资产阶级教育论著选 [M]. 北京：人民教育出版社，1964.

[47] 习近平. 在哲学社会科学工作座谈会上的讲话 [N]. 人民日报，2016-05-19（1）.

［48］葛卫华. 厘定与贯连：论学科德育与课程思政的关系［J］. 中国高等教育，2017（3）.

［49］彭小兰，童建军. 德育视域中的隐性教育生成研究［J］. 南京社会科学，2009（2）.

［50］李洁坤，陈璟. 大学数学"课程思政"教育教学改革的研究与实践［J］. 教育教学论坛，2019（52）.

［51］刘承功. 高校深入推进"课程思政"的若干思考［J］. 思想教育理论，2018（6）.

［52］张霞，陈秀. 地方应用型本科高校高等数学课程教学改革的研究与实践［J］. 中国大学教学，2009（8）.

［53］刘淑芹. 高等数学中的课程思政案例［J］. 教育教学论坛，2018（52）.

［54］张奠宙，张荫南. 新概念：用问题驱动的数学教学（续）［J］. 高等数学研究，2004，7（5）.

［55］杨玉东，徐文彬. 本原性问题驱动课堂教学：理念、实践与反思［J］. 教育发展研究，2009（20）.

［56］刘涛. 应用型本科院校高等数学教学存在的问题与改革策略［J］. 教育理论与实践，2016，36（24）.

［57］杨德贵，张国权. 大学数学［M］. 2版. 北京：中国农业出版社，2022.

［58］张宝善. 大学数学教学现状和分级教学平台构思［J］. 大学数学，2007（5）.

［59］叶冬连，万昆，曾婷，等. 基于翻转课堂的参与式教学模式师生互动效果研究［J］. 现代教育技术，2014，24（12）.

［60］姜启源. 数学模型［M］. 北京：高等教育出版社，2011.

［61］P. R. 哈尔莫斯. 希尔伯特空间问题集［M］. 林辰，译. 上海：上海科学技术出版社，1984.